DESERT
Nature and Culture

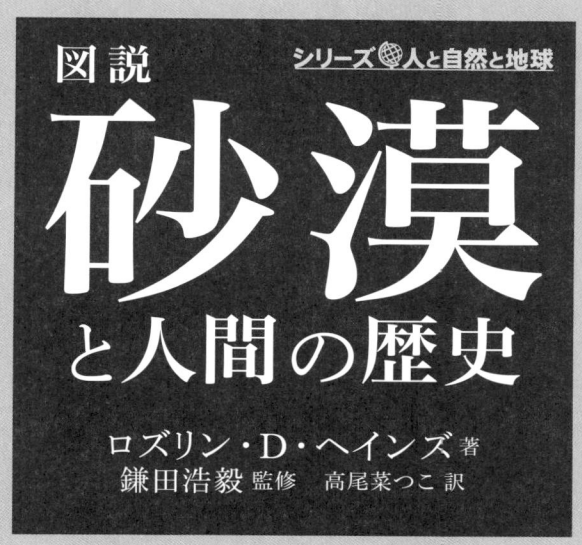

図説
砂漠
と人間の歴史

シリーズ 人と自然と地球

ロズリン・D・ヘインズ 著
鎌田浩毅 監修　高尾菜つこ 訳

Roslynn D. Haynes

原書房

監修のことば

鎌田浩毅
（京都大学大学院人間・環境学研究科教授）

　人間と地球の関係を考える上で、砂漠ほど両者の相克があざやかに現出される場所は他にはない。砂漠と言えばサハラ砂漠のように熱を持つ砂地が広がる大地を思い浮かべるだろうが、年間の降雨量が極端に少ない地域が砂漠と定義される。「厚い氷に覆われた南極大陸は世界最大の砂漠」という記述を本書に発見して驚くのは、私だけではないのではないか。

　実際、世界の至る所に分布する砂漠には多様性があり、そこに住む動植物のみならず人の文化にまで大きな影響を及ぼしてきた。たとえば、エジプト文明の残した装飾品やオーストラリアのアボリジニーによる絵画など、砂漠ならではの特異な芸術が存在する。また、ユダヤ教・キリスト教・イスラム教という現代社会の基盤を作ってきた宗教が、中東という限られた地域の砂漠で誕生したことにも然るべき意味があったのだ。

　加えて、20世紀に入ってからの砂漠は、エネルギー資源として多大な価値を持つ油田や核爆弾の実験場として、政治・経済上の重要な拠点を提供してきた。本書は、こうした砂漠の有する多面的な姿を、国の中央に広大な砂漠地が広がるオーストラリア・ニューサウスウェールズ大学の文化地理学者が解読した意欲作である。

　こうした砂漠を理解するには、地球科学者の用いる歴史区分が参考になるだろう。私は人間の活動が盛んになった最近1万年前以降を、5つの大変革によって分ける。すなわち、「農業革命（約1万年前）」、「都市革命（約5000年前）」、「精神革命（約3000年前）」、「科学革命（約300年前）」、「情報・環境革命（約50年前）」である（拙著『資源がわかればエネルギー問題が見える』PHP新書）。この中で砂漠は、宗教が生まれた3番目の「精神革命」と、産業革命をもたらした4番目の「科学革命」と深く関わってきた。

では、なぜ砂漠で、その後に世界宗教となる一神教が生まれたのだろうか。著者はこう説明する。「物質的な満足の欠如は神への集中力を高め、肉体的な過酷さは精神の強さを生み出す（中略）漠然と広がる隔絶した空間は、魂にとっての訓練の場となり、神の前で自立できるかどうかの力が試される」（110ページ）。こうして砂漠は、生物としてのヒトが人間へと移りゆく中で、精神性の象徴である宗教を生んだのだ。

　ここで哲学者の和辻哲郎が1935年に著した名著『風土』の砂漠に関する記述を振り返ってみたい。「吾人は砂漠を『人間の有り方』として取り扱う。（中略）人間の有り方としての砂漠は、人間の社会的・歴史的なる性格と離すべからざるものである」（『風土』岩波文庫）。この言葉が暗示するように、砂漠は世界を支配する「経済的な富」としての天然資源を内包する特異な場所となった。すなわち、ナショナリズムとグローバル資本主義の火種が砂漠から始まったと言っても過言ではない。

　さらに現代では、雨の降らない砂漠が太陽光発電に「空きスペース」を提供するなど、思いもつかなかった潜在的可能性を持つようになった。事実、数多くの砂漠は「最後の秘境」として観光の目玉となり、それまで砂漠に圧迫されてきた国々を経済的に潤すことに寄与した。しかし、一方で大自然の環境破壊が止めどもなく進行し、何世代にもわたって砂漠と共存してきた先住民の暮らしと文化を犠牲にしてきたのは紛れもない事実である。

　本シリーズの監修を依頼されたとき、私が最も楽しみにしていたのは本書だった。不毛の地と思える砂漠に対して、一体どのような内容が展開されるのだろうかと心待ちにしていたからだ。その結果は、統一テーマ「人と自然と地球」の最終巻を飾るのに相応しい見事なものだった。文化の成熟した英国の出版社が、人類の知的財産である書籍世界へ一石を投じる姿を見て、私は静かな感動を覚えたのである。本書には地球と人間にまつわるヴィヴィッドな関係が余すところなく提示されている。グローバル社会を生き抜こうとする日本人にとって、今こそ知っておくべき知識と知恵がここに詰まっている。

目　次

監修のことば　3

序文　7

第1章　砂漠の多様性　11

第2章　さまざまな適応能力　39

第3章　過去と現在の砂漠の文化　65

第4章　先祖たちの芸術　88

第5章　砂漠の宗教　108

第6章　旅行家と探検家たち　125

第7章　想像の砂漠　151

第8章　西洋芸術における砂漠　175

第9章　砂漠の資源と可能性　197

　　　世界の主な砂漠　209
　　　用語解説　210
　　　原注　213
　　　参考文献　227
　　　関連団体名およびウェブサイト　230
　　　図版　232
　　　索引　234

序文

砂漠の奥深さは、その本質、その不毛さに由来し、表面的な物事や人間の文明化された気質が拒絶されるところにある。それは体液や分泌液が純化され、澄み切った大気を通して星の霊気が天空からじかに伝わる場所である。（中略）他のどこにも存在しない静寂の地。
（ジャン・ボードリヤール、『アメリカ（America）』、1986年）

「砂漠」という言葉には、ネガティヴな響きがある。地理学的な観点からすれば、それは降雨量によって定義されるのだが、他の地形と異なり、砂漠という呼び名には不吉な予感が内在している。英語の desert をはじめ、ロマンス諸語における砂漠の相当語は、いずれも「見捨てられた」という意味をもつラテン語の desertum に由来し、これはエジプト語の tesert の意味でもある。ヒンディー語で砂漠を意味する marustahal はもともと「死の場所」を意味し、タクラマカン砂漠は「放置する場所」を意味するアラビア語のウイグル語訳と思われる。実際、砂漠では暑さや寒さ、飢えや渇きによって命を落としたり、方向感覚を失って道に迷ったりする危険性が高いため、こうしたネガティヴな含みを伴うことは驚くにあたらない。

　砂漠はまた、人間の内なる自己を脅かすものでもある。その無限とも思える広がりと孤独、そして静けさは、自身のアイデンティティーや存在意義について否応なく疑問を突きつけてくる。英国の探検家アーネスト・ジャイルズ（1835年〜1897年）は、オーストラリアの砂漠での体験をこう記している。

　　私はやや孤独を感じ、皮肉屋や世捨て人、あるいはバイ

ソススフレイの塩からなる平原、ナミブ砂漠、2009年。

ロンのような詩人たちが孤独の喜びについて書いたり、述べたりしていることが、実は人間の本心ではないことを知った。永遠の孤独について考え込むことほど、恐ろしいことはない[1]。

にもかかわらず、砂漠は多くの人びとを魅了してきた。旧約聖書の預言者や「荒野の教父」たちにとって、砂漠は清浄と心の再生の場だった。探検家にとって、砂漠は「何か新しいものを追い求め」、そこへ最初に足を踏み入れたいという衝動に駆られる場所だった[2]。旅行家にとって、砂漠はしばしば命の限界に挑む場所であり、暑さや寒さ、持久力の極限に立ち向かい、単純さの中で物事の優先順位を見直す場所である。また、芸術家にとって、砂漠は見事な色彩と簡素な形状、そして視野の広がりを意味する。天文学者にとって、砂漠の乾燥した空気は理想的な観測条件を提供してくれる。作家にとって、砂漠は静けさ、孤独、聖なるものの果てを表す。そして土着の民族にとって、砂漠は生活の場にほかならない。

本書では、高温砂漠や低温砂漠、海岸砂漠や内陸砂漠、砂の砂漠や岩石の砂漠、塩の砂漠といった世界の多様な砂漠を検証する。そこには世界最大の砂漠ともいうべき、氷に覆われた南極大陸も含まれている。

地質学上の時間尺度では、砂漠は一時的なものであることがわかっている。実際、出現と消滅を繰り返してきた砂漠は、海の化石や洞窟壁画など、私たちにその太古の姿を伝える興味深い痕跡を残している。また、砂漠そのものよりもさらに多様なものとして、こうした過酷な環境に対する動植物の驚くべき適応能力がある。

一方、砂漠を生き抜いてきた人類は、何千年も昔のミイラや芸術の中にその命の記録を残しながらも、今は多くが経済的・政治的紛争という新たな困難に直面している。同じく興味深いのは、世界の主要な一神教がなぜいずれも砂漠から始まったのか、そしてそれに由来する道徳的価値観は信者にどのような影響を与えてきたのか、という問題だ。

その次の3章は、私たちが抱く砂漠のイメージを構築した人びとに関するものである——探検家や旅行家は危険な未知の土

シェビ大砂丘、モロッコ、2005年。

地へと駆り立てられた動機とその刺激的なストーリーを語り、作家や映画制作者は砂漠の異質な地形を描き出し、そこに人間を登場させる。そして画家や写真家は砂漠の単調さの中にある知られざる美しさを表現する。

　文化地理学者のイーフー・トゥアンによれば、ヘロドトス〔古代ギリシャの歴史家。前5世紀頃。見聞に基づき、アケメネス朝ペルシャの成立からギリシャ戦争までの経過を『歴史』に記述〕の時代から、西欧では一般に砂漠の存在が否定されてきた。それは無知によるものであったり、そんな不毛の地を生み出したことへの中傷から創造主の名声を守りたいという願望によるものであったり[3]、あるいは──北米とオーストラリアの場合──新天地に対する過度な期待によるものであったりした。そして今、私たちはかつて未開の地だった砂漠が存続の危機に瀕しているという現実を否定し、それを保護する責任から逃れようとしている。

第1章　砂漠の多様性

砂漠とは期待のない場所である。
（ナディン・ゴーディマー、「プーラ！」1973年）

　砂漠というと、私たちは概して熱い砂地がどこまでも続き、遠くにヤシの木の揺れるオアシスのシルエットが見えるといった情景を想像するのではないだろうか。しかし、実際のところ、世界の砂漠はその年代、地形、安定性、地表の特徴、気温、動植物、そして文化といった点で多岐にわたり、私たちのもつイメージが当てはまるのはごく一部の砂漠地帯にすぎない。おそらく、ほとんどの人びとは南極大陸が世界最大の砂漠であることすら知らないだろう。曖昧さを避けるため、本書では年間降雨量が平均で250mmを下回る地域、あるいは蒸発散量が降雨量を上回る地域を砂漠と定義する。

　だが、この範囲内においても、砂漠にはそれぞれ大きな違いがある。南米西部にあるアタカマの一部地域では、400年間、一滴の雨も観測されていない一方、オーストラリアでは、何十年も水路が干上がっていた砂漠地帯が川の氾濫で一気に水浸しになったりする。ひとたび雨が降ると、砂漠はたいてい花畑のようになり、にわかに咲き始めた花々が昆虫や爬虫類、鳥たちを引き寄せる。

　砂漠の一般的なイメージに反して、砂に覆われているのは世界の砂漠のわずか五分の一にすぎない。これはエルグと呼ばれる広大な砂丘列が波状に連なる砂の砂漠をいうが、砂漠にはその地形によって他にも四つの種類がある——高地砂漠もしくは盆地砂漠、風が砂塵を吹き飛ばすことによって形成される岩石砂漠（ハマダ）、小石を敷き詰めた舗道のように見える礫砂漠、

タドラット・アカクス山脈の砂丘、リビア西部、サハラの一部。

そして塩の平原を特徴とする山間盆地砂漠である。

　砂漠はその外見だけでなく、年代においても大きく異なる。地質学上の時間尺度によれば、砂漠は出現と消滅を繰り返してきた。実際、今は乾燥しているサハラやエジプト南西部の砂の台地ギルフ・ケビールも、1万2000年前の最終氷河期の終わりには、豊かな水を湛えたサヴァンナだった。この地域に残された岩絵から、それがクロコダイルやカバ、ゾウ、ウシ、アンテロープといった水に頼って生きる動物たちを育み、そうした状態がつい2000年前まで続いていたことがわかっている。

　また、アルジェリアの砂漠では恐竜の化石が発見されており、かつて緑豊かな時代があったことを示している。さらに、1億5000万年前のサハラは深さ5000mという古代の海の下にあり、実際、砂漠から当時の生物の化石が見つかっている。地下800mには今も化石淡水の巨大な貯留層があり、浸透性の岩の帯水層に不純物のない、新鮮な水が何千年も密封されている。南極大陸にもかつては深い森が広がっており、約1億年前の白亜紀、中央オーストラリアの砂漠はエロマンガ海という巨大な

内海だった。そこにはクジラ大の海生爬虫類をはじめ、プリオサウルスやプレシオサウルス、魚竜やイカに似た軟体動物が生息していた。

　一方、砂漠は消滅もする。地質学者によれば、約550万年前、地中海全域はアフリカとヨーロッパを結ぶ陸橋によって大西洋から切り離された低地砂漠だった。やがて氷河期が終わり、海面が上昇したことで、大西洋の水が次第にこの広大な砂漠盆地へ流れ込んできたのである[1]。

　気温の点からいえば、砂漠には高温・亜熱帯砂漠、寒冬砂漠、冷涼海岸砂漠、極砂漠といった種類がある。サハラ砂漠やアラビア砂漠、アジアの砂漠のような内陸の砂漠では、遮断材となる雲量がないため、昼間は灼熱の58℃まで上がるかと思えば、夜には氷点下まで下がるといったように、一般に一日の気温の変化が激しい。

高温砂漠

　高温砂漠でもっとも有名なのはサハラ（アラビア語で「砂漠」を意味する）で、南極大陸に次ぐ世界最大の砂漠である。北アフリカの13の国々にまたがり、東西5600kmにわたって広がるサハラ砂漠には、約400万人の人びとが暮らしている[2]。サハラは欧米で「砂漠」の代名詞となっているが、そこには山岳や岩石、礫や砂丘、さらには標高900mのホガール山地のような火山まで、幅広い地形・地勢が含まれている。チャドのエネディ山地やリビアのタドラット・アカクス地方、アルジェリア南部では、風と砂の浸食が何百という自然のアーチを形成している一方、サハラ中央部のタッシリ・ナジェール山脈は険しい岩間と壮大な岩石層が特異な景観を見せている。ベルベル語で「川の台地」を意味するこの山脈には、古代、いくつもの川が流れ、深い谷をつくり、今は砂の砂漠となった巨大な湖を満たしていたが、その後の乾燥期で干上がり、風食によって石の森林のような岩石群が生まれた。

　「アラビアのロレンス」が砂漠のベドウィンというロマンティックなイメージで欧米人の心をつかむずっと以前から、アラビア砂漠と昔からそこに住む人びとは、彼らを魅了してきた——十字軍をめぐる数々の物語、19世紀の旅行家が語る冒険

談、そして異教徒禁制のハーレムやイスラムの聖地。一方、視覚の点からいえば、アラビア砂漠はまさに色あざやかな大パノラマであり、黄色い砂と色づいた岩が澄み切った青空を背景に見事な輪郭を描いている。ほとんどの旅行者はその漠々たる空間と完全な静寂に圧倒されるばかりだが、ひとたび砂嵐が吹き荒れ、あらゆる造形が拭い去られて、テントが数分で埋もれてしまうようなときは別らしい。

　地理学的にいえば、アラビア半島は広大な台地であり、西側のアシールやヒジャーズの険しい山岳地帯から傾斜が続き、他

（上）タドラット・アカクスのフォズィジアレンのアーチ、リビア、2007年。
（下）タッシリ・ナジェール国立公園、アルジェリア、2009年。

世界最大の砂の砂漠で、「空虚な一角」と呼ばれるルブ・アルハーリ砂漠、2008年。

の三方面は断崖で終わっている。イエメンからペルシア湾まで広がるこの半島には、北のシリア砂漠、内陸のネフド砂漠、そして南のルブ・アルハーリ砂漠といった三つの巨大な砂の砂漠地帯が含まれている。とりわけ、アラビアの「空虚な一角」と呼ばれるルブ・アルハーリ砂漠は極度に乾燥しており、年間降雨量はわずか35mmにすぎない。高さ250mにもなる砂丘をつくっている砂粒は、ほとんどがケイ酸塩からなり、砂に赤や紫、オレンジの色をつける酸化鉄で覆われている。また、アラビア砂漠では、ジェベル・トゥワイク地方の石灰岩の崖や高原、渓谷、ウンム・サミームの流砂が見られるほか、西部にはヒジャーズを中心に18の火山地帯もある。一方、南端に位置するイエメンは、かつてローマ人から「恵まれたアラビア」と呼ばれたが、それは比較的降雨量が多く、海からのアクセスが容易だったため、乳香や没薬の主要な産地となり、東洋から入るスパイスの交易拠点になったことに由来する。さらに、オマーン東部には砂丘とワディ（涸れ谷）で知られるワヒバ砂漠があり、今はベドウィン族だけが暮らしている。

　それまで貧しかったアラビア半島の経済的展望が一変したのは、ダーランで初めて油田が発見された1938年のことだった。

特徴的な棘(とげ)のある木が広がるカラハリ砂漠、2003年。

現在、世界の石油埋蔵量の三分の一はここにあるとされ、地表に近いことから採掘コストも安い。そのため、アラブの国々は供給量を調節することによって価格をコントロールし、産出能力の増大によって世界的な供給不足に対応することができる。また、これよりさらに貴重な埋蔵物として、2万5000年前の氷河期の帯水層から得られる化石水がある。ただ、これを農業用水として汲み出しても、土壌の塩分濃度が高まり、自滅的な結果を招くだけだろう。

　こうした典型的な砂漠と異なるのが、ボツワナからナミビア、南アフリカへと広がるカラハリ砂漠（現地のツワナ語khalagariは「水のない場所」を意味する）だが、これは全体が真の砂漠であるとはいえない。なぜなら、多くの地域で年間降雨量が250mmを超えており、砂丘にも豊かな植生が見られるからである。恒常河川であるオカヴァンゴ川は、内陸の三角州へと流れ込んで広大な湿地帯を形成し、多くの野生生物のみならず、それを見学に来る多くの旅行者をも引き寄せている。

　また、カラハリ・ゲムズボック国立公園には古代の川床（omuramba）があり、それが雨季の間に水を蓄え、ライオンや野生のイヌ、ジャッカル、ミーアキャット、ダチョウなどの生息を支えている。ただ、砂漠の多くがそうであるように、かつては肥沃(ひよく)だったこの地域でも、面積約8万km²、深さ30mの

（左）ルプ・アルハーリ砂漠の砂丘の衛星写真、2005年。

第　1　章　　砂　漠　の　多　様　性　　　　17

巨大な湖だったマカディカディ湖が1万年前に枯渇し、現在はいくつかの塩の平原が残るのみである。ちなみに、この地域では石炭や銅の採掘が経済の柱だったが、1971年にデブスワナ・ダイヤモンド・カンパニーがボツワナ北部のオラパに開設され、現在、同社は世界最大のダイヤモンド生産企業となっている。

　タール砂漠（「砂の尾根」を意味するウルドゥー語の t'hul もしくは dhool に由来）は別名、大インド砂漠とも呼ばれ、パキスタン東部からインド北西部に広がる、世界でもっとも人口の

ワヒバ砂漠、オマーン、2008年。

多い砂漠である。現在は砂丘と風に削られた岩石を特徴とするが、かつてはガッガル川の水で潤っていた。だが、ガッガル川も紀元前2000年にやはり枯渇し、今は途切れ途切れに流れているのみである。古代インドの叙事詩「ラーマーヤナ」によれば、Lavanasagara(「塩の海」)として知られたこの地域は、主人公ラーマが海に炎の矢を放ったときに生まれたとされ、それが干上がってできたのがタール砂漠とされている。興味深いことに、実際、そのプラヤと呼ばれる塩湖で海の化石が見つかっており、考古学者はその下に古代の集落があったことを示す証拠を発掘した。

また、タール砂漠にはラージャスターンもしくはインディラ・ガンディー運河システムという主要な灌漑システムがあり、北部からビカネールやジャイサルメルの都市へと650kmにわたって水を運び、ジョドプルとビカネールに電力を供給している。灌漑はこの不毛な砂漠を肥沃な畑に変え、小麦やカラシ、綿花の栽培を可能にした(いわゆる「緑の革命」)。しかし、多くの砂漠がそうであるように、この灌漑には有害な副作用が伴った。大量の水を必要とするこうした作物のために過度な灌漑を行なったことで、地下水の水位が上昇し、塩分濃度の高まりと地盤沈下を引き起こしたのである。さらに、砂丘の固定を目的とした植林事業を行なっているにもかかわらず、タール砂漠は今も拡大し続けている。強風によって近隣の肥沃な土地に砂塵が飛び、流砂による砂丘を生み出して、道路や鉄道線路の妨げにもなっている。

一方、北米には三つの高温砂漠があり、互いに近接しているにもかかわらず、それぞれまったく異なる特徴をもっている。その中でもっとも大きなチワワ砂漠は、米国とメキシコにまたがるシエラ・マドレ山脈の雨陰にある。標高1500m級の山々は緯度から想像されるよりも涼しく、リオ・グランデ川やペコス川の肥沃な流域には鳥類をはじめとする多様な動植物が生息している。また、長期的な水の浸透が地下水脈となってオアシスをつくり、そのいくつかはメキシコのクアトロ・シエネガス盆地のように、魚や水棲ガメの生息を支え、さらにはシュノーケリングを目的とした観光客も引き寄せている[3]。チワワ砂漠は8000年という比較的若い砂漠だが、その特徴はこの150年

ケルソーの「鳴き砂」、モハーヴェ砂漠、2008年。

間にさえ変化している。高度な技術によって地下水がより簡単に利用できるようになった今、かつては豊かだった草地を踏み荒らし、食べ荒らすウシの数が増加し、灌木（かんぼく）への侵入や砂漠化の進行を招いている。

アリゾナ南西部からカリフォルニア、およびメキシコにかけて広がるソノラ砂漠は、北米の砂漠の中でもっとも暑い。この砂漠に特有なのは、温泉を囲んでカリフォルニア・ファン・パームのオアシスがあることで、これはサン・アンドレアス断層に沿った活動の結果である[4]。ただ、残念ながら、それらのオアシスは都市化と灌漑による帯水層（おびや）の枯渇に脅かされている。

北米先住民のモハーヴェ族にちなんで名づけられたモハーヴェ砂漠は、シエラ・ネヴァダ山脈の雨陰にあり、気温の低い北方のグレート・ベースン砂漠と気温の高い南方のソノラ砂漠

の間に横たわっている。東部のコロラド川周辺の地域は、メサと呼ばれる平らな丘や高原、深い渓谷で知られ、もっとも有名なのがグランド・キャニオンである。また、高さ180mにもなるピンクがかった黄金色のケルソー砂丘も印象的で、これは紅石英と長石が険しい上部斜面で擦れて音を出す「鳴き砂」である。モハーヴェ砂漠はグレート・ベースンを含めた四つの北米の砂漠の中でもっとも小さいが、そこには世界最大の太陽光発電所があるほか、写真でよく見かけるデス・ヴァレーもあり、ファーネス・クリークでは気温が56.7℃まで上がったとされる記録もある。

オーストラリアの砂漠

オーストラリアは人の住む大陸としては世界でもっとも乾燥している。実際、79％以上が乾燥地帯で、38％が砂漠である。にもかかわらず、そうした乾燥地帯では降雨量の変動がきわめて激しく、何十年も日照りが続いたかと思えば、いきなり集中豪雨に見舞われることもある。豪雨の後、大部分の水はすぐに蒸発するか、砂に流れ込むが、浅い粘土の窪地にはより長く水が残るため、現地の先住民アボリジニーがよく知る泉は再び満たされる。また、継続的な大雨は涸れた川を復活させ、水がゆっくりと大陸を移動して、帯水層や地下河川を再び潤す。

オーストラリアの砂漠で印象的なのは幻の湖と呼ばれるエア湖で、それは海抜マイナス16mのところにあり、「大陸の風呂の栓」として知られている。プラヤと呼ばれるこの塩湖は一度に何十年もほぼ完全に干上がることがあり、まぶしいほどの白い塩の平原はその上でカーレースが開催できるほど硬い[5]。しかし、クイーンズランドでモンスーンの豪雨が生じると、その水はクーパーズ・クリークを通じてエア湖へ流れ込み、これを深さ4mまで満たす。その変化は極端である。にわかに美しい花々が咲き始め、湖には魚やカエルが群がり、鳥たちがご馳走を求めて八方から飛んでくる。そして旅行者たちも、この束の間の貴重な現象を見るために湖とその上空に集まる。

降雨量の極端さに加えて、オーストラリアの乾燥地帯はその多様な地形や色彩でも知られる。シンプソン砂漠やタナミ砂漠の見事な赤い砂丘。6億年前はヒマラヤ山脈よりも高かったが、

日没のウルル、2006年。

　今は浸食されたピーターマン山脈のような山々。3億1000万年前は標高9000m以上だったというマクドネル山脈。マスグレーヴ、キンバリー、ハマーズリーといった古代の切り立った山岳地帯。キングズ・キャニオン周辺やピルバラ地域にある横縞模様の「蜂の巣」のような岩山。広大な灌木地帯や植物が生い茂る河道、ギバーと呼ばれる礫に覆われた硬い平地（デザート・ペーヴメント）。古代ソテツなどの希少植物が見られるオアシス。グレート・オーストラリア湾沿岸の見事な白い砂丘とそこから内陸へと広がるナラボー平原——その北東端には、おそらく世界最古と思われる3500万年前の砂丘があり、かつてそこが大陸の海岸だったことを示している。

　さらに、43℃の湯が湧き出るダルハウジー・スプリングスのような温泉群。表面が結晶化した塩湖と、縁が丸まったレンガのような表面をもつ浅い粘土の窪地。そしてもっとも有名なのが、砂漠平原に突如として現れる巨大な島状丘、ウルル（エアーズ・ロック）とマウント・コナーである。現地のアボリジニーの文化では、こうした変化に富んだ豊かな地形が書物に詳しく記されている。彼らにとっては、どんな小さな丘や斜面にも複雑な歴史や霊的な意味があるからだ。

　オーストラリア大陸は膨大な年月を重ねてきたため、砂漠土からは激しく溶出されており、窒素やリン、微量元素が不足した土壌は貧弱で何も生み出さない。一方、これらの砂漠は気候の変動性が高く、進化の長い歴史を語ってくれる。そこには古代の植物や珍しい巨型動物類、そして約5万年前に人間が住んでいたことを示す記録も含まれている。つまり、それは今も続く世界最古の文化なのである。

　オーストラリアには六つの主要な高温砂漠が見られる。グレート・ヴィクトリア砂漠、グレート・サンディー砂漠、タナ

ミ砂漠、シンプソン砂漠、ギブソン砂漠、そしてスタート・ストーニー砂漠である。1875年、ラクダでグレート・ヴィクトリア砂漠を横断した探検家のアーネスト・ジャイルズは、その荒涼たる様子に圧倒され、こう記した――「そこには人間も動物もまったく住んでおらず、一匹の有袋動物やエミュー、あるいは野生のイヌの足跡さえ見られなかった。私たちは人に完全に知られていない土地、そして神から完全に見捨てられた土地へ入り込んだようだった」[6]。

グレート・サンディー砂漠は、白亜紀には針葉樹とヤシの森に覆われ、その足元にはシダやコケ類が繁茂していた。現在、オーストラリア北西部にあるこの砂漠の特徴は、西北西に平行して走る巨大な砂丘列である。また、この砂漠と近くのリト

シンプソン砂漠、中央オーストラリア、2012年。

ル・サンディー砂漠には全長1850kmに及ぶカニング・ストック・ルートが通っている。そこには1908年から1910年にかけて48の井戸が掘られたが、そのために先住民マルトゥの男たちが捕らえられ、鎖につながれ、手錠をかけられて、喉の渇きにさらされながら、彼らの貴重な「水溜り」の場所を言わされた[7]。

シンプソン砂漠は、石英砂の見事な深い赤色と世界最長の砂丘列を特徴としている。長さ200kmにも及ぶこれらの砂丘列が、約500mの間隔で、いずれも北北西から南南東へと平行して走っているのは、それが2万年前の風の主方向と一致しているからだ[8]。1845年、探検家のチャールズ・スタートはヨーロッパ人として初めてこの砂丘に遭遇し、必死の思いをこう記した——「砂の尾根のひとつに上ると、無数の列が東西にそびえているのが見えた。(中略)私はある種の恐怖に襲われた。(中略)それは地獄への入り口のようだった」[9]。だが、シンプソン砂漠の下には、世界最大級の内陸流域である大鑽井盆地（グレート・アーテジアン盆地）が横たわっており、その地下水は天然の泉や、ストック・ルートに沿って掘り抜かれた井戸によって地表へ運ばれている。

南回帰線に沿って横たわるギブソン砂漠は、1874年に探検家のアーネスト・ジャイルズによって名づけられた。彼は仲間のアルフレッド・ギルバートが最後に残った馬で助けを呼びに行ったきり姿を消した後、この恐るべき荒野を貴重な水の入った樽を携えて100kmも歩いた。ジャイルズが記したように、ここの地勢は非常に変化に富んでいた——草木がまばらに生えた礫地帯、砂丘、岩山、砂地の高地、塩湖、そして人や馬を鋭い棘で傷つけるスピニフェックス。現在、この地域では多くの野生のラクダが見られる。

寒冬砂漠

ゴビ砂漠（「水のない場所」や「半砂漠」を意味するモンゴル語のgoviに由来）は、中国北部と北西部の一部、およびモンゴル南部に弓状に広がる低温砂漠の高原である。その名前に反して、まったく水がないのはこの砂漠の南西部だけで、他の地域にはまばらに植生が見られる。バダイン・ジャラン砂漠（「神

バダイン・ジャラン砂漠の鳴き砂の星型砂丘、ゴビ砂漠の一部、モンゴル。

秘の湖」を意味する）として知られる地域には、高さ500mにもなる星型砂丘があり、これは世界でもっとも高い固定砂丘である。ただ、ゴビ砂漠のほとんどは、強風によって砂層が吹き飛ばされた礫や岩石である。この砂漠もやはり気温の変化が極端で、夏は50℃まで上がる一方、シベリア・ステップからの激しい風が雪と冷たい砂嵐をもたらす冬は氷点下40℃にまで下がる。砂丘の安定化を目的とした大規模な植林事業にもかかわらず、ゴビ砂漠では砂漠化が止まらず、毎年、中国の既存の農耕地へと拡大している。

　モンゴルのネメグト盆地では、初期の哺乳動物の化石や恐竜の卵、10万年前の石器などが発見されている。獣脚竜のデイノケイルスは、その前脚の化石がモンゴル南部で見つかっており、これまで存在した中でもっとも速くて大きな恐竜だったとされている。2001年、古生物学者たちは十数頭の幼いダチョウ恐竜（オルニトミムス）が埋まった9000万年前の墓場を発掘した。いずれも同時にぬかるみに陥ったようで、それは幼獣の群れが成獣と離れて歩いていた可能性を示唆している[10]。近年、モンゴルのオユ・トルゴイでは金や銅の巨大な鉱床が発見された。リオ・ティント社によれば、そこでの採掘作業は同国の国内総生産を2020年までに三分の一も増加させ、この先も

50年以上にわたる成長が見込めるという[11]。

　北米および南米大陸でもっとも大きなパタゴニア砂漠は、主にアルゼンチンからチリへと広がっている。アンデス山脈の雨陰に位置しているうえ、大西洋沖の冷たいフォークランド海流の影響を受けて、非常に乾燥している。アンデス山脈が隆起する以前、近くの火山から飛来した灰がこの地域を覆う温帯林を包み込んだため、今は砂漠となっている場所の中央に世界最大の石化林が残っている。パタゴニアの大部分は礫の平原で、荒涼とした乾燥地帯である。しかし、チャールズ・ダーウィンはこれに魅了され、次のように書いた。

　　それ［パタゴニアの平原］は否定的な特徴によってしか描写できない。住む人もなく、水もなく、木もなく、山もないこの地には、矮小(わいしょう)植物がわずかに生えているだけだ。ではなぜ、この乾いた荒れ地が私の記憶にこれほど強く焼きついているのだろう。（中略）ひとつには、想像力に自由の余地が与えられたせいに違いない[12]。

　カラクム砂漠（「黒い砂」を意味するトルクメン語のgaragumに由来）は、カスピ海とアラル海に挟まれたトルクメニスタンの約90％を占めている。その気候は典型的な大陸性気

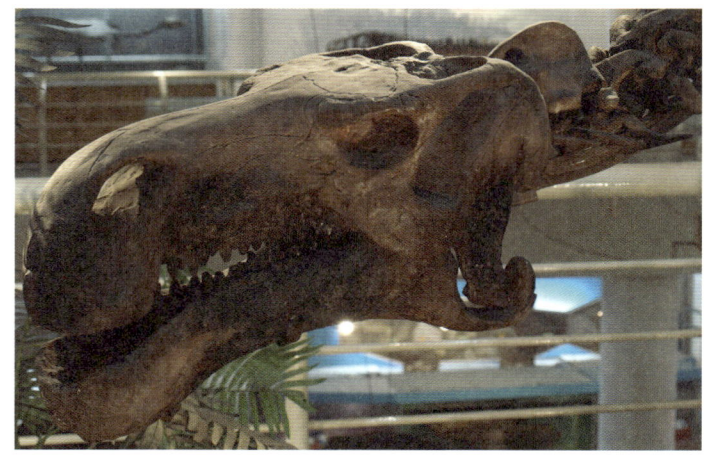

プロバクトロサウルス・ゴビエンシスの頭蓋骨、中国古動物館、北京。

モルチャ川（Molcha）がアルトゥン山脈から中国北西部のタクラマカン砂漠南部へ注ぐときに形成される扇状地の衛星画像。この写真は同川が雪と融氷水によって満たされる五月に撮影された。2002年。

候で、氷点下20℃から34℃までと気温差が激しい。ただ、降雨量が最小限であるために雪はほとんど降らず、雨量が記録されるのも10年に一度ほどにすぎない。この砂漠も3000万年前は海に覆われていたが、やがて南部の山が隆起してそれが縮小し、カラクムを流れるのはアム・ダリヤ川だけとなった。激しい風は高さ90mにもなる砂の尾根と三日月型の砂丘バルハンを築いた。現在、この砂漠には1375kmに及ぶ世界最大の灌漑運河、カラクム運河が通っている。1954年に建設が始まったこの運河は、生産性を大きく向上させた一方で、土壌の二次的な塩化を招き、塩の地殻を形成した。それを耕地から取り除くためには、新たに排水システムが必要となる。

雪に覆われたスネーク・ヴァレーとホイーラー・ピーク、北米の砂漠の中でもっとも寒いグレート・ベースン砂漠にある。2009年。

第 1 章　砂漠の多様性

現在の激しい乾燥とまばらな人口（6.5km²当たりひとり）に
もかかわらず、ロシアの考古学者たちはアナウおよびジェイ
トゥン（Dzheitun）地域で石器時代と青銅器時代の文化を示
す証拠を見つけた。後者はゲオクシュル（Geoksyur）周辺で
紀元前3000年紀の水路が発見されており、中央アジア西部で
最古の農耕集落だった可能性がある[13]。

　キズィル・クム砂漠（「赤い砂」を意味するウズベク語の
qizilqumに由来）は、カザフスタンとウズベキスタン、およ
びトルクメニスタンの一部にまたがる砂漠で、流動砂丘とまば
らな植生が見られる岩石地帯、アム・ダリヤ川とシル・ダリヤ
川が流れる渓谷、そして内陸湖のアラル海と点在するオアシス
からなる高原である。この砂漠には金やウラン、銅、アルミニ
ウム、銀、天然ガス、そして石油の豊かな鉱床がある。また、
ウズベキスタンでは、初期の鳥類、ワニ、カメ、ダチョウ恐竜（オ
ルニトミムス）を含む多様な恐竜種[14]、そして小型の初期哺乳
類など、白亜紀末期のさまざまな化石が見つかっている。

　ゴビ砂漠の西、中国北西部にあるタリム盆地には、タクラ
マカン砂漠（その名前は「放置・放棄する」＋「場所」を意味す
るアラビア語のウイグル語訳と思われる）が広がっている。典
型的な寒冷砂砂漠であるタクラマカンは、南は崑崙、西はパミー
ル、北は天山と、三方を山脈に囲まれている。北東には海抜マ
イナス155mのトゥルファン盆地があり、これは地球の陸地表
面で二番目に低い窪地とされている。崑崙山脈を源とする川が
約60kmの距離を流れてこの砂漠へ注ぎ込み、砂地で干上がる
前に巨大な扇状地を形成している。

　また、タクラマカンには約3kmの間隔で連なる世界最大の
三日月型砂丘がある。強風によって積み上げられた砂は高さ
1000mにもなるピラミッドのような星型砂丘をつくり、それ
が上空4000mまで巻き上げる砂塵雲は、ほぼ一年中、タクラ
マカンを覆っている[15]。カラブラン（「黒い嵐」を意味する）
と呼ばれる激しい北東風は、隊商の一行を飲み込み、埋もれさ
せることもある。ゴビ砂漠と同じく、タクラマカンは冬にシベ
リア寒気団の影響を受け、気温が氷点下20℃まで下がるため、
川は凍結し、砂丘は霜に覆われる。

　中国と中央アジア、ヨーロッパを結ぶ隊商路シルクロードを

行く旅人たちは、この危険な砂漠を避け、代わりに一連のオアシス都市をたどって北か南へ進んだ。しかし、考古学的発見が示すところによれば、タクラマカンは歴史に記されているよりもずっと古くから、多くの民族が行き交う主要道路だった。

シエラ・ネヴァダ山脈の雨陰に位置し、1000mの標高をもつ北米のグレート・ベースン砂漠も、寒冷な内陸砂漠である。上述した近隣の高温砂漠と異なり、この砂漠は冬には雪に覆われる。

冷涼海岸砂漠

アンデス山脈の雨陰に横たわるアタカマ砂漠は、世界でもっとも細長く、もっとも乾燥し、もっとも高い標高をもつ砂漠である。南米の太平洋岸に沿ってペルー北部からチリ北部まで約3000kmにわたって帯状に伸び、標高1000mのプーナやアルティプラノと呼ばれるアンデスの高原へと急激に隆起している[16]。広大な荒野のほか、そこには目を見張るばかりの多様な景観が広がっている——世界最高峰の火山オホス・デル・サ

ソススフレイ地方のキャメル・ゾーンの木、ナミブ・ナウクルフト国立公園、ナミブ砂漠、2004年。

ヴァエ・デ・ラ・ルナ（月の谷）、サン・ペドロ、チリ、2004年。

ラド山（6893m）をはじめ、雪に覆われた五つの火山、溶岩流、間欠泉、砂丘、塩の平原、青緑色の湖、月面を思わせるヴァエ・デ・ラ・ルナ（月の谷）やヴァエ・デ・ラ・ムエルテ（死の谷）、そして背景には常にアンデスの雄大な山々がそびえている。

　アタカマ砂漠の年間平均降雨量は1.3mmだが、スペイン人の到来から400年にわたって雨が観測されていない地域があるほか、2000万年もの間、雨が降っていないともいわれる[17]。乾燥したこの地では腐敗が起こらないため、数千年前の植物が枯れた状態で残っていることもある。水分の唯一の供給源は、太平洋からの暖気がペルー海流（南極に端を発し、フンボルト海流とも呼ばれる）に関連した寒気によって冷却される際に生じる濃霧である。冬にはこの霧が丘を上り、雨となって降ることで、季節的な植生地帯が生まれ、動物たちの生息を可能にしている。また、めったにない雷雨が一部の地域に雨を落とすと、長く休眠状態にあった種子が発芽し、しばらくの間、花を咲かせる。

　アストロバイオロジスト（宇宙生物学者）は、他の乾燥した惑星にいる生命体やそこで生き抜くために必要な条件についての手がかりを求めて、アタカマ砂漠を研究している。アントファガスタ南部の地域は、土壌が火星のそれとよく似ている。実

際、アタカマ砂漠はテレビシリーズ『宇宙の旅：惑星への探検 (Space Odyssey: Voyage to the Planets)』(2004 年) で、「火星」のシーンの撮影ロケ地として使われた。アタカマの土壌には微生物が存在する兆候さえないと長く考えられていたが、2011年、地表から 2m 下の高塩環境において微生物の「オアシス」が発見された。これらの原始微生物（真正細菌と古細菌）は酸素や日光なしで生育し、空気中からわずかな水分を取り込んで、塩の結晶をつくる[18]。これは同じような微生物が火星に存在し、そこで生育できることを示唆するものである。

ナミブ砂漠（ナマ語で「広大な地域」を意味する）は、ナミビア沿岸からアンゴラ南部にかけて 1600km にわたって伸びており、ちょうどアフリカのアタカマ砂漠といった存在である。大西洋を北へ流れるベンゲラ海流が陸地からの乾いた熱風を集めることにより、その乾燥状態が保たれている[19]。降雨量は乏しく、予測もできないため、地表水の主な供給源は海霧に含まれる水分であり、これが 50km も離れたナミブ砂漠中央部および北部の内陸まで流れ込む。高さ 300m、長さ 320km に及ぶナミブ南部の流動砂丘は、主に南寄りの風によって形成され、しばしば三日月型の、ナイフの刃のように鋭い尾根をつくる。

ナミブ砂漠は世界最古の砂漠でもあり、少なくとも 5500 万年前から存在する[20]。その一部は、南極が氷河に覆われて以来、少なくとも 8000 万年にわたって乾燥が続いてきたとされるが、もしかすると西ゴンドワナ大陸が分裂して以来、1 億 3000 万年から 1 億 4500 万年にわたって乾燥が続いた可能性もある[21]。この地の主な経済資源はダイヤモンド鉱山だが、現在は陸上よりも海底での採掘が多く、約 20 億カラットのダイヤを埋蔵しているとされる[22]。エロンゴ州にあるロッシング鉱山ではウランも採掘されており、世界屈指の露天掘り採鉱場として、現在、六番目に大きなイエローケーキ〔ウラン鉱石を精錬して得られたウラン精鉱。黄色い色をしている〕産出地となっている。

極砂漠

他を寄せつけない世界最大の砂漠といえば、その広さが夏は 1400 万km²、冬は沿岸部に形成される海氷によってその約 2 倍になるという南極大陸にほかならない[23]。南極大陸は世界で

南極大陸の活火山、エレバス山の噴火口の航空写真、2010年。

もっとも雨が少なく、もっとも風が強く、もっとも寒さの厳しい過酷な砂漠でもある。密度の高い寒気が標高2000mの氷の台地を滑り落ちると、時速327kmにもなる強烈な滑降風が大陸を吹き抜ける。南極を探検したダグラス・モーソンは、著書『ブリザードの家（The Home of the Blizzard）』（1915年）で、姿勢を真っすぐにして立っているためには、45度の角度で風に寄りかからなければならないと記している。南極大陸の寒さがこれほど厳しいのは、ひとつにはその氷床が厚さ4kmにもなるからであり、ひとつにはその氷と雪によって太陽放射の80％が天空へ跳ね返され、残りの20％もほとんどが雲に跳ね返されるからである。そして、この大陸が地球上の他の気象配置から南極海によって隔離されているからでもある。これまでに記録された最低気温は、2010年に南極大陸で観測された氷

点下93℃である。

　一方、大陸の棚氷の下には硬い地盤があり、それは南極大陸がそれほど寒くもなく、砂漠でもなく、超大陸ゴンドワナの一部として南の陸塊と接合していた1億8000万年前を思い起こさせる。ツンドラと森林が広がる大地からは石炭や化石化した樹木の堆積(たいせき)物、そしておそらく石油や天然ガスが生み出され、南極半島では恐竜が、その後は有袋動物が歩き回っていた[24]。実際のところ、ナンキョクブナ（*Nothofagus*）の化石から年代を産出すると、現在のような南極大陸の環境はわずか200～300万年前にできたものにすぎない[25]。

　南極大陸は南極横断山脈によって東西に分かれており、ロス島のテラー山をはじめとする複数の噴火を小休止している火山のほか、恒常的な溶岩湖のあるエレバス山とデセプション島の山というふたつの活火山をもっている。南極ではこの2500万年の間に火山噴火がしばしば起きており、最近では一連の12の火山——そのうちの七つは活火山で、いくつかは海底から3000m隆起している——が南極大陸を囲む海の中に位置することがわかった[26]。

　ブリザードで視界が遮(さえぎ)られなければ、この広大な白い荒野は色彩に溢れている——真っ青な氷崖や氷河、青緑色のクレヴァスや洞窟、そびえ立つ氷山、そしてその青や緑、あるいは縞(しま)模

南極横断山脈にあるフリクセル湖を覆う青い氷。この氷はカナダ氷河などの融氷水でできている。2002年。

Desert

南極点望遠鏡を前景にした南天オーロラ

様の入った氷が穏やかな水面に反射する様子。また、南極大陸は南緯40度以上のところでしか見られない、南天オーロラや南極光と呼ばれる壮大な光のショーも披露してくれる。この現象がとくに見事に現れると、赤やピンク、青や緑、あるいはオレンジ色に輝く光のカーテンが大空を美しく照らし出す。そうしたあざやかな色彩は、活発な太陽活動によって放出される荷電粒子によって生み出される。地球磁場に引き寄せられた荷電粒子が南磁極の方へ流れ、上層大気に含まれるガスと衝突して、強烈なネオンのような光を発するのである[27]。

　ちなみに、南極には先住民がいなかったため、これは最初にして唯一の「発見された」大陸だった。現在、南極大陸には夏になると何千人もの旅行者が訪れ、さらに何千人もの人びとがここの研究基地に所属している。彼らはこの大陸を巨大な実験室として、微生物学から天文学、地質学、気象学、植物学、古生物学、生態学、海洋学まで、ありとあらゆる科学のために研究を続けている。

　一方で、その原因については議論がなされているが、南極の温暖化が進んでいるという重大な懸念（けねん）もある。2002年、南極半島のラーセンB棚氷が崩壊し、2008年にはウィルキンズ棚氷の大部分が半島から分離した。深刻な温暖化は南極半島を超えて西南極氷床へ広がっており、そこでは氷の温度がこの50年間に10年で0.1℃以上ずつ上昇している[28]。南極大陸の温暖化から予想される影響は甚大（じんだい）で、すさまじい変化をもたらす恐れがある。実際、南極大陸の98%を覆う氷と雪は、地球上の淡水の70%を占めているため、すでに北極の氷の大部分がそうなっているように、もしその氷床が溶け出せば、世界の海洋は60mから65m上昇し、世界中の島や沿岸地域が水没することになる。それに伴う命の犠牲や難民の増大は、多くの政治的・経済的問題と合わせて計り知れない。

　このように、砂漠の地理的特徴は興味深く、現代の緊急課題としての数々の環境問題も提示している。一方、こうした過酷な環境を生き抜く動植物やその文化は、読者にとって、より身近な関心事なのではないだろうか。

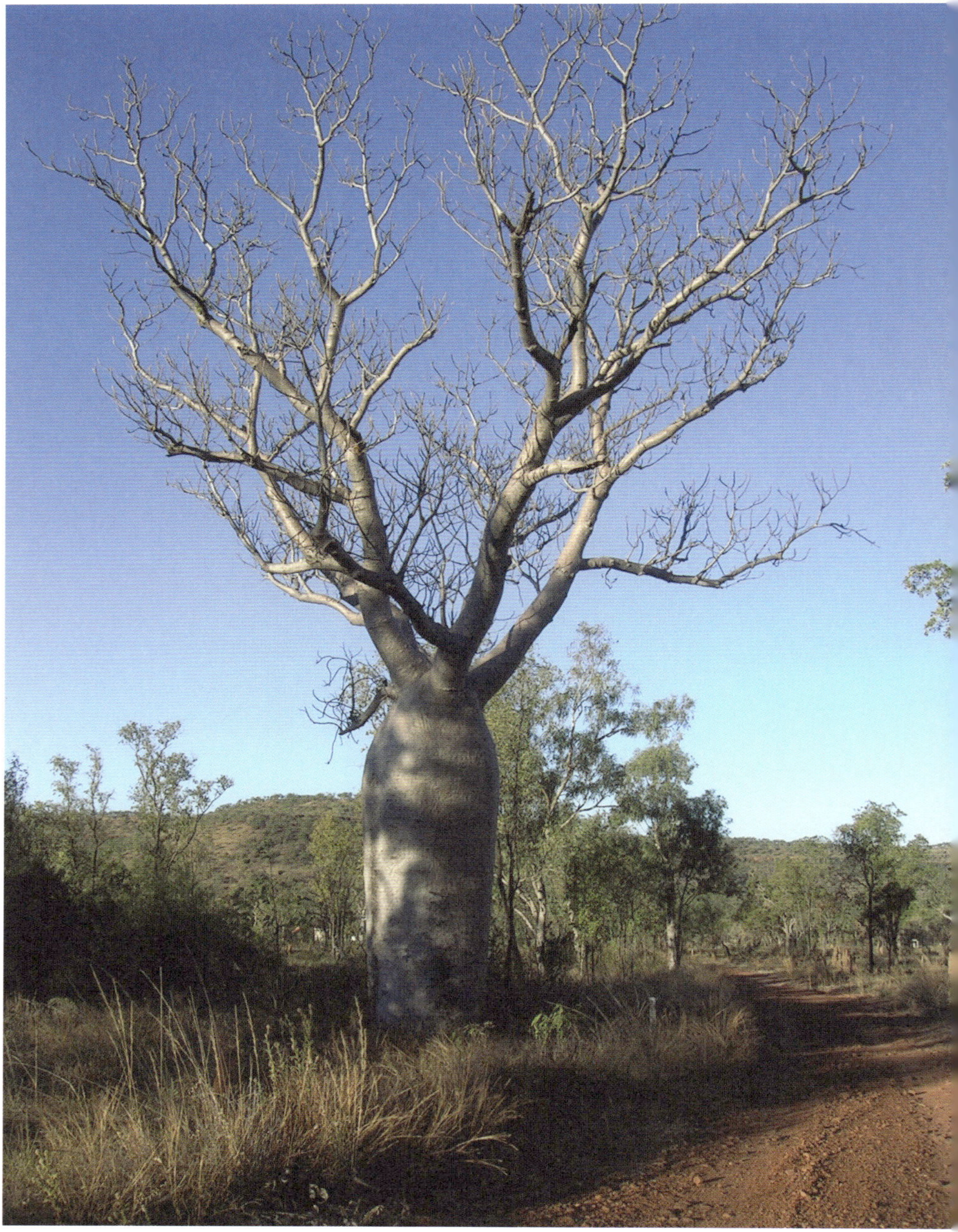

第 2 章　さまざまな適応能力

かくも単純な始まりから、きわめて美しく、きわめて素晴らしい無限の生物種が進化を遂げ、今なお進化を続けている。
（チャールズ・ダーウィン、『種の起源』八杉竜一訳）

　四輪駆動車で砂漠を走り回る旅は胸がわくわくするような冒険ではあるが、その魅力はいつでも好きなときに帰れるという事実によるところが大きい。私たちのほとんどにとって、砂漠のような過酷な環境で永遠に生きていくことは不可能に思えるだろう。しかし、何百という種の動植物が、その極端な乾燥や暑さ、寒さといった状況を生き抜くために驚くべき適応能力を進化させてきた。こうした多くの独創的な進化を紹介するにあたって、まず植物がどう水分を蓄えているのか、次に動物がどう極限の暑さや寒さ、乾燥に適応しているのかについて見ていこう。

砂漠の植物

　砂漠に生きる植物は乾生植物（つまり、水分をほとんど必要としない植物）で、それはしばしば好塩性もしくは耐塩性である。これは水分の蒸発が進むと、次第に水場の塩分が高まるからである。乾生植物が生き延びられるのは、その葉の数や大きさ、形、あるいは位置を変えることによって貯水機能をアップさせているからだ。また、雨が降るまで休眠状態を保ち、降ったら最小限の時間でその生活環を完了させるという植物もあり、これが砂漠を花畑に一変させる「短命植物」である。
　貯水組織が発達した植物としてもっとも有名なのはサボテンで、とくに北米の砂漠に固有種が多く、西部劇の舞台背景には

バオバブの木、ティンバー・クリーク、ノーザン・テリトリー、オーストラリア、2007 年。

なくてはならない存在でもある。サボテンは日照りに対する一連の適応構造をもち、定期的に雨季があるかぎり、それは有効に働く。葉を針状の棘に変形させることは、蒸散による水分の損失を減らし、蒸発を促す気流を断って、太陽放射の吸収を最小限に抑える。

　サボテンの棘には、その苦い「汁」とともに、水分を求める草食動物から身を守る役割もある。地表の水分を取り込むために横方向に広がる浅い根系は、雨によって生育が活発化し、一時的ながら成長の速い細根を出せるまで、いったん動きを止めた状態になる。分厚く、蠟のような表皮はときに毛で覆われており、サボテンを暑さから守るばかりか、蒸散を最小限に抑える一方、その表皮を覆う「白粉」には蒸発を抑える働きもある。

　また、大気とのガス交換を行なうサボテンの気孔は、他の植物に比べて密閉度が高く、一日のもっとも暑い時間帯における水分の損失を抑えている。その表面にあるアコーディオンのような襞には、露や霧からの水分を根へと運ぶ役割がある——水分が枯渇した場合は、その襞を閉じ、日光にさらされる表面積を少なくする一方、水分を取り込める場合は、襞を開いて液胞にそれを供給する。

　水分を失ったサボテンが萎れるのは、日光への露出を抑え、

開花したチョーヤ・サボテン、モハーヴェ砂漠。

アリゾナのサワロ・サボテン、2005年、写真の男性は身長155cm。

陰をつくって下部を守るためである。いくつかのサボテンに見られる扁平(へんぺい)で光沢のある葉状茎は、水分をほとんど発散せず、比較的高温でも安定したタンパク質構造をもっている。

巨大な柱のようなサワロ・サボテン（*Cereus giganteus*）は、メキシコのソノラ砂漠原産で、サボテンの中でももっとも大きく、見応(みごた)えがある。成長すると高さ12mから18mになり、水分を十分に含んだ状態では重さが2100kgにもなる。サワロは成長が非常に遅い（10年生でも高さが10cmから15cmにしかならないものもある）が、寿命は200年と長く、上向きに

アフリカ南部原産のリトープス、2007年。

側枝を出す。その白い花や赤い果実は荒野でも非常に目立ち、種子の散布のために鳥たちを引き寄せる。そのほか、チョーヤ（*Cylindropuntia*）、オルガン・パイプ（*Stenocereus thurberi*）、プリックリー・ペア（*Opuntia robusta*）、ホホバ（*Simmondsia chinensis*）といったサボテンも、こうした生態域で生育している。

　日照りが10年続くこともあるオーストラリアの砂漠では、サボテンはめったに見られない。ただ、これと同等の貯水機能をもつのが、マダガスカルやアフリカでバオバブの木（*Adansonia digitata*）として知られるアダンソニア属の植物である。1500年も生きられるというこの植物は、幹の中に水分を貯め込むため、幹周が20mにもなるボトルのような独特の形状をしている。バオバブは水分を保つために乾季には葉を落とすが、雨季が近づく直前に新しい葉を出す。

　葉の変異も貯水機能を高めるための手段のひとつだ。乾燥し

たオーストラリアによく見られる低木で、アカザ科ハマアカザ属（*Atriplex* 種）のソルトブッシュは、その小さな多肉葉に生えた濃い産毛が風による蒸発を防ぎ、灰緑や青緑の葉色が日光を反射する一方、浅く広がった根が広範囲にわたって水分を吸い上げる。また、ソルトブッシュは浸透圧のバランスを取るために葉の表面から塩分を排出し、水分を保ち、それを冷やすために日光を反射することによって、高い塩分濃度に耐えられる。

　ナミブ砂漠やカラハリ砂漠に自生するリトープス（*Lithops* 種）は、ちょうど一対の丸い小石が地面に転がっているように見え、その面白い形は草食動物から身を守るための見事なカムフラージュになっている。この植物には茎らしい部分がなく、貯水のためにほとんど地中に埋まった球根状の一対の葉がその主要部で、上面は光合成のために光が入るよう部分的もしくは全体的に半透明になっている。

　オーストラリアの砂漠でもっとも特徴的なのは、スピニフェックス（*Triodia* 属）と呼ばれるイネ科の植物で、64 の固有種をもつ。それらは砂丘の斜面やその間の通路部分に生育し、この地域の地被植物の半分、そして生物量の約 96％ を占めている。スピフェニックスはドーム状に膨らんで育つ。その周縁部の緑の若葉は扁平で比較的柔らかいが、成長とともに縁が内

スピニフェックス

日の出のジョシュア・ツリー、ジョシュア・ツリー国立公園、カリフォルニア、2008年。

側へ丸まり、やがて尖った槍のような硬い葉になる。ドームの中心は幅1.2m、高さ60cmのもつれた茎や枯れ葉の塊となるが、最終的には崩れて、新しい葉の輪を残す。ドーム状に密生した草は独自の微気候を生み出し、温度の変化を最小限に抑え、内部に陰をつくり、暑い日中は蒸発を減らす一方、寒い夜には温かい空気を保つ。銀色がかった葉の表面は日光を反射し、水分の損失を防ぐ。小動物にとって格好の避難場所でもあるスピニフェックスは、多くの昆虫に食物を提供し、それが今度は爬虫類や哺乳類、鳥類の命を支えている。さらに、その根は砂を安定させる働きがあり、動物たちは崩れた砂をかぶらずに潜

り込むことができる。

　根の浅いサボテンやソルトブッシュと異なり、根深植物は地下深くの水脈に届くほど長い根系をもつ。セージブラッシュ（*Artemisia tridentata*）の根は地下25mにも達し、夏を通して水分を吸収する。モハーヴェ砂漠に自生するジョシュア・ツリー（*Yucca brevifolia*）は、縦横11mにもなる根系をもっている[1]。ジョシュア・ツリーは適切な時期に十分な降雨があった後にだけ花と種子をつけ、厳しい日照りの時期には代わりに地下茎から新しい茎を出す。

　もっとも長い主根系をもつとされているのが、ソノラ砂漠やチワワ砂漠で見られるメスキート（*Prosopis*）である。地下58mにまで達するその根のおかげで、この植物は地表水があるときはそれを利用する一方、深層の地下水からも水分を取り込むことができる[2]。ナラ・メロン（!nara, *Acanthosicyos horrida*）は、ナミブ砂漠の沿岸地域にある涸れた川床の周辺に生育し、これもまた水を求めて砂地の奥深くへと入り込んだ長い主根をもつ[3]。化石証拠が示すところによれば、この種はナミブ砂漠の年齢の半分、つまり、4000万年前から存在している。

　オーストラリアの根深植物でもっとも繁茂しているのはマルガ（*Acacia aneura*）で、これは乾燥地帯全体の約三分の一に広がり、約800の種をもつ。深さ3mの主根をもつマルガは、幼苗期を過ぎると、水分損失を最小限に抑えるために、そのほとんどで葉が仮葉――平行した葉脈をもつ扁平な葉柄――に変わる[4]。ホース・マルガ（*Acacia ramulosa*）の葉と枝は水分を幹の方へ導き、そこから水分は密生した根へと流れ落ちるが、根は水分が砂漠の土壌へと流れ出る前にそれを吸い上げる。このプロセスは非常に効率的で、高さ5mの木が12mmのにわか雨から100ℓの水分を集めることができる。

　乾燥に対して独特の適応能力をもつのがウェルウィッチア（*Welwitschia mirabilis*）で、これは顕花植物のように昆虫を介して受粉し、ナミブ東部の不毛な砂丘で1000年以上も生きられるという珍しい裸子植物である[5]。ウェルウィッチアはその広範囲に広がる主根によって地下深くの水脈から水分を取り込み、蓄えることができる一方、大西洋から断続的に流れてくる霧もその水分供給源として利用している。この植物は長さ約

10mにもなるという幅2mの葉の気孔を通して、霧の水分を吸い込んでいる。

　南米西岸にあるアタカマ砂漠の植物も、海岸から流れ込む霧による一時的な微気候を利用するために進化した。岩下生育性の藻類、地衣類、アナナス科のティランジア（*Tillandsia*）、デューテロコニア（*Deuterocohnia*）、クリサンサ（*chrysantha*）、プヤ・ボリヴィエンシス（*Puya boliviensis*）、そして棘のあるサボテンのいずれもが、霧から水分を取り込んでいる[6]。砂漠に生育するティランジアも、その葉のトリコーム（毛状突起）を通して空気中の水分を吸収することができる。このほか、山や沿岸の急斜面、険しい岩間などに雲が取り込まれる「霧のオアシス」において進化した植物群落もある。そこでは短命の多年生植物や矮小植物が冬にしばらく生育し、ペルーのウタスズメや太平洋の濃藍色のクビワスズメ、そしてハチドリといった渡り鳥を少なくとも一時期は引き寄せる。

　植物の種子には、何年あるいは何十年もの日照りの間、休眠状態を保ち、いざ雨が降ったら数時間で発芽し、開花するというものもある。そうした短命植物は迅速な受粉を求めて昆虫を引き寄せるため、色あざやかな花を咲かせるのが普通だが、それは繁殖サイクルのすべてを水分が完全に失われる前に終わら

ナミブ砂漠の固有種で、推定年齢1500年のウェルウィッチア、2003年。

スタート・デザート・
ピー

せる必要があるからだ。オーストラリアの砂漠では、真紅の花を咲かせるスタート・デザート・ピー（*Swainsona formosa*）をはじめ、明るいピンク色のパラキリア（*Calandrinia polyandra*）やあざやかな黄色のビリー・ボタン（*Craspedia globosa*）、カシア（*Senna glutinosa*）が雨から数日以内に姿を現し、ペーパー・デージー（*Helichrysum*）が地面を覆う。芸術家で博物学者のチャールズ・マッカビン（1930年～2010年）は、初めて見た雨後の砂漠をこう記している――「この砂漠の中央に広がる豊かな花園は、私たちにとって思いがけない光景だった。何マイ

ルも続く花々、それは砂丘の間を流れ、その斜面に黄色や白、ピンクや金の模様を散らす、信じがたいほど美しい花の海だった」[7]。短命植物は種子を素早くまき散らすため、あらゆる方法を取る。動物を頼りにするものもあれば、風による散布を助ける小型のパラシュートをもつもの、あるいは鞘が乾いたら種子が飛び出すという「爆破装置」をもつものもある。

　また、一時的な環境の変化に対する防御機能として、一定レベルの水分量や温度、光に反応するセンサーが内蔵されている種子もあり、これはただの通り雨の後に早まって発芽するのを防ぐためである。オーストラリアの砂漠植物の中には、種子がきわめて硬い外膜で覆われており、発芽するには引っ掻くか、燃やすかする必要のあるものも見られる。砂漠に自生するエレモフィラ（*Eremophila latrobei*）は硬い種子の殻をつくり、自然火災か雨の後しか発芽しない[8]。実際、オーストラリア先住民にはよく知られていたことだが、その生活環の特定の段階に特定の地域にいる種の数や多様性を調節する上で、火災は不可欠なのである。

砂漠の動物たち

　砂漠に生きる動物は多種多様で、独特で、ただ何となく見ているだけでは気づかないものもある。彼らはこの過酷な環境をあらゆる方法で生き抜いており、その多くは植物の場合と似ている。摂取した食物から十分な水分を取り込むものもいれば、かなり濃縮された尿を排出することによって水分を保つもの、あるいはラクダの例で知られるように、食物の大部分を脂肪として蓄えるものもいる。暑い昼間は地下に潜み、夕方や夜に出てきて狩りや腐肉探しをすることで、蒸発による水分の損失を避けることもある。また、有利な条件が整うまで繁殖を延ばすものもいる。ここでは、砂漠地帯に生きる動物たちのこうした巧みな生き残り戦略をいくつか紹介する。

　世界でもっとも乾燥した砂漠、アタカマ砂漠では、動物はほとんど存在しない。バクテリアでさえめったに見られず、多くの地域では昆虫もいない[9]。しかし、他の砂漠（南極大陸は除く）では昆虫が豊富に存在する。あの小さなシロアリによる建築上の偉業は、昆虫の適応の中でもとくに際立っている。彼

らの卵は最適条件の1℃以内という厳しい温度管理が必要なので、オーストラリアのノーザン・テリトリーのシロアリは、トンネルやアーチ、幼虫保育室などが網状に張り巡らされた巣穴の温度を調節するため、驚くべき大建造物を築く。ちなみに、彼らは「アリ」という呼び名からしばしば誤解を招くが、実はアリよりもゴキブリと近縁にある。彼らにはふたつの種類があり、地上4mにもなる巨大な聖堂のような塚をつくる聖堂シロアリと、高さ2mの薄くて扁平な塚をつくる「磁石」シロアリがいる。後者の塚は細長い側面を南北に、平らな面を東西に向

ノーザン・テリトリーの聖堂シロアリの塚、オーストラリア、2005年。

けて並んでいる。これは真昼の日光にさらされる面ができるだけ小さくなる一方、午前中に東面が暖められ、そのまま日没まで温度が安定して保たれるようになっている。塚から上昇する暖かい空気の柱は、網状の巣穴全体に循環する流れを生み出す。冬季には、働きアリ、幼虫、そして生殖虫のニンフを含めた多くのシロアリが、朝、最初に暖まる東面へ移動し、日中もそこに留まる[10]。アフリカには、屋内でキノコを栽培するシロアリもおり、これも塚内の厳しい温度管理を必要とする。

オーストラリアのマルガ・アリ（*Polyrhachis macropa*）は、地下の巣穴への入り口を円筒状の土壁と小枝の柵で囲み、突然の洪水に対する堤防として役立てている。建築物全体が浸食を防ぐためにマルガの葉で屋根葺きされていることも多い。コロラド砂漠の収穫アリは塚に小さな「岩」の断熱材を入れており、そのいくつかはサメなどの魚の歯の化石である——これはこの砂漠がかつて海であったことを示す証拠である[11]。

甲虫類はごくわずかな水で生き延びることができるが、ナミブ砂漠では、そのわずかな水さえ集めるのに苦労する。そこで驚くべき進化的適応を見せているのが、ナミブ砂漠カブトムシ（*Stenocara gracilipes*）で、海岸砂丘に生息する彼らは、大西洋から時速16kmのスピードで断続的に流れ込む霧を利用して水分を得る。この甲虫類は急いで砂丘の頂上に上ると、体を風の方へ向け、羽を広げ、後脚を伸ばし、45度の角度になるように頭を低くする。すると霧の蒸気が羽に集まり、凝結して水滴をつくり、それが甲虫類の背中を転がって口に入るのである。ナミブの霧は急速に移動するため、物の表面に張りついたり、そこで凝結したりすることはほとんどないが、ナミブ砂漠カブトムシの背中は水分を捕らえるのにきわめて効率がいい——親水性の隆起部分と、蠟質で疎水性の溝部分からできており、この溝を通って水分が口へと送り込まれる。この洗練された「デザイン」を参考にして、アタカマの人びとがより効率的に水を得るための霧ネットがつくられ、世界中でより効果的な除湿機や蒸留装置が考案されている[12]。

Lepidochora という甲虫類も、水と生き残りをナミブ砂漠の霧に頼っている。やはり海岸砂丘に生息する彼らは、そこで毎朝、霧を運ぶ風の流れに対して直角になるように小さな砂山を

「霧の甲虫」ナミブ砂漠カブトムシ、エプパ滝、ナミビア、2007年。

つくる。これが流れ込んできた霧を捕らえると、彼らは山の上を這い、その凝縮液を吸い上げる。

　サソリやマダニ、クモなどのクモ形類動物も、砂漠の生活環境によく適応している。オーストラリアの砂漠に住むクモの中で屈指の大きさと攻撃性をもっているのが、全身を毛に覆われ、直径12cmはあるというオオツチグモ（*Selenocosmia stirlingi*）だ。これは巣穴の周りに糸で捕獲網を張るだけでなく、餌を探し回ることもする。一方、突然の面状洪水は砂漠のクモにとって危機であるため、多くはその地下の巣穴を水から守るため、「風呂の栓」となる蓋をつくっている。

　通常、甲殻類は砂漠ではあまり多く見られないが、カブトエビ（*Triopsidae*）のような一部の甲殻類は非常に高い耐塩性をもつため、オーストラリアの砂漠でも生き延びられる。大雨の後、浅い粘土の窪地にできる水溜りや湖の中で、カブトエビはその丈夫で抵抗力のある卵から体長1.5cmのエビへと成長する。だが、水は急速に蒸発していくため、彼らの一生はまさに時間との戦いである。メスのカブトエビが体長約3cmになる12日目までに、何百という小さな卵がその体の下部に生じ、最後まで残ったぬかるみに置かれる。成長したカブトエビは水溜りが泥地になると死んでしまうが、卵は必要なら何年も休眠

第2章　さまざまな適応能力

状態を保ち、次の雨を待つことができる。

　砂漠の困難な環境は、その生活環の少なくとも一部を水中で過ごす両生類にもさまざまな適応を促した。トラフサンショウウオ（*Ambystoma tigrinum*）はソノラ砂漠の恒常的な池や小川、泉の周辺にだけ生息するが、死ぬまで幼生状態を保つことができる彼らは、幼形成熟といって幼生のまま生殖さえ行ない、陸生の成体に変態することはごく稀である。ソノラ砂漠のヒキガエルやスキアシガエル、アマガエルなどは、後脚に穴を掘るための「鋤状の」突起があり、それで深さ何mにもなる巣穴を掘削し、一度に9ヶ月から10ヶ月をそこで過ごす。その穴の中で、スキアシガエルは皮膚を厚くし、水分の損失を防ぐ半透性の膜を分泌する。また、彼らは穴にいる間は排尿しないため、高い尿素耐性ももっている。砂漠の両生類にとって重要なのは、散発的かつ局地的な夏の雷雨によって生まれる一時的な水溜りの中で、それが再び干上がる前に生殖を完了させることだ。ニコルスカトリックガエル（*Notaden nichollsi*）は、その発達スピードを速め、2週間足らずで卵から小ガエルまで成長するという進化を遂げた。夏の降雨がほとんど期待できないカリフォルニア南東部では、彼らはしばしば最初の嵐の間に外へ出て、池へ移動し、一晩で生殖を終え、脂質に富んだシロアリの群れを大量に腹に詰め込む[13]。

　オーストラリアの砂漠には、貯水機能をもったアナホリガエルが約20種おり、彼らはその幅広の頭と、裏に穴を掘るための構造をもつ短い肢によって、効率的な掘削を行なっている。また、体を平らにして、腹部の皮膚細胞の負圧によって水分が吸い上げられるようにすることで、文字通り、湿った地面から水分を吸収することもできる。アメリカの砂漠のカエルと同じように、彼らは古い死んだ皮膚で外側に繭をつくり、それで体をラップのように包み込むことで、水分を蓄えることもできる。巣穴は非常に深いため、大雨が降って水が地中に染み込まないかぎり、彼らを生殖に目覚めさせることはできない。だが、いったん目覚めると、彼らは素早く交尾をし、大量の餌を食べることによって卵からオタマジャクシ、そしてカエルへと発達を加速させる[14]。水溜りを求めるカエルと違って、西オーストラリアの小さなスナヤマガエル（*Arenophryne rotunda*）は、砂丘の

ペレンティーオオトカゲ

奥深くに生息し、そこで繁殖する。交配対(つい)のカエルは水分レベルが下がると穴を掘り進むが、夜には餌を求めて外へ出てくる。珍しいことに、スナヤマガエルにはオタマジャクシの段階がなく、小さな成体が10週間後に卵からいきなり出てくる[15]。

　中央オーストラリアには、世界のどの地域よりも多様な爬虫類が生息しており、1km²当たりに40もの種が共存している。とくにトカゲ——体長2mというオーストラリア最大のトカゲで、世界で2番目に大きなペレンティーオオトカゲから、小型のトカゲまで——は、こうした乾燥地帯にうまく適応してきた。冷血動物である彼らは、気温の幅広い変化に耐えられる。とはいえ、水分の損失を避けるために穴に住むものもいれば、高所へ登るもの、岩や茂みの下に潜むもの、あるいは開けた土地を求めるものもいる。トカゲは常に交替で餌を探し回るため、空間や活動する時間帯、獲物の種類を分けることによって、さまざまな種が特定の地域で共存することができる。クシミミトカゲ（*Ctenotus*）はスピニフェックスの生態系に完全に適応しており[16]、住み処や狩りの時間帯が多様であるため、互いにごく近いところで共存できる。

　オーストラリアのトゲトカゲ（*Moloch horridus*）は、全身を棘状の突起や結節に覆われて見た目は恐ろしいが、1日5000

トゲトカゲ、西オーストラリア、2012年。

匹のペースで捕食する小さな黒いアリ以外には、実は無害である。そのスパイクを打ちつけたような頑丈な皮膚は、水分の蒸発を最小限に抑え、断熱作用をもたらし、気温によって体色を変化させる。また、水分摂取のためのユニークな手段も進化させた。皮膚の鱗には細い溝が網目状に走っており、これが毛管現象によって土壌から吸い上げた水分を口の両端へ運ぶ。さらに、長さ15cmの体に生えた円錐形の棘は、敵への威嚇になるだけでなく、霧や露の水分を取り込むための表面積を最大限にする役割もあり、これもやはり毛管のような管をつたって口へ運ばれる[17]。

ヤモリ（たとえば、ナメハダタマオヤモリ（*Nephrurus levis*）など）は、その大きな球状の目から効果的に水分を取り込む。瞼はないが、表面を覆う透明な皮膜の上で露を集め、長い舌をひょいと出してその目を舐める。

モハーヴェ砂漠に生息するサバクゴファーガメ（*Gopherus agassizii*）も、気温60℃にもなる砂漠環境を生き抜くために数々の適応をもっている。彼らはその太くて丈夫な脚とよく発達した爪で、地下に巣穴を掘って日中の暑さを避け、朝か夕方にだけ餌を求めて外へ出てくる。彼らは冬眠もするが、冬の嵐のと

きだけは水分補給のために外へ出る。また、雨水を取り込むために不透水性の土壌に浅い池を掘ったり、春に植物から十分な量の水分を取ることで、何年も水を飲まずに生きたりする。モハーヴェ砂漠のカメは膀胱に 1.2 ℓ もの水（人間の容量の 2 倍）を貯めることができ、1 年間、水なしで生きられる[18]。彼らはまさに生き残りの勝者であり、この過酷な環境で 80 年から 100 年も生き続ける。

　一方、水不足を生き抜くためのもっとも簡単な方法は、その土地を離れることかもしれない。実際、砂漠地帯に住む多くの種の鳥が厳しい環境を避けるために他へ渡り、季節が良くなると舞い戻ってくる。彼らの多くは、ひな鳥のための十分な餌が得られる大雨の後にしか産卵しない。オーストラリアの砂漠に生息するセキセイインコ（*Melopsittacus undulatus*）は、乾燥がひどくなると何百 km、何千 km も旅をする。また、砂漠の鳥たちは暑さや水分蒸発を避けるための行動戦略も発達させてきた。彼らは昼間のもっとも暑い時間帯は体を休ませ、朝や夕方の涼しいときに水場へ飛んでいく。さらに、他の鳥との戦いをできるだけ控え、求愛行動に余分なエネルギーを取られないために、つがいの絆を長く保とうとする。

　日照りの時期、ペリカンなどのオーストラリアの水鳥は、塩

モハーヴェ砂漠で撮影されたサバクゴファーガメ

ヒトコブラクダ

湖やマウンド・スプリングと呼ばれる泉、恒久的に流れる掘り抜き井戸に群がる。ボツワナのマカディカディ塩湖のように、カラハリ砂漠内にできる季節的な湿地帯も多くの好塩性種の命を支えており、雨季には何万というフラミンゴがこの地域を訪れる。アタカマ砂漠でも、フラミンゴの群れが塩湖やその周辺に生息し、そこで育つ紅藻類を餌にしている。

　砂漠に住む動物の中でもっともよく知られ、西洋の一般的な砂漠のイメージに不可欠な存在なのが、ヒトコブラクダである。ラクダは昼の暑さや乾燥、夜の寒さを生き抜くための驚くべき適応をいくつももっている。彼らはサイコロ状の非常に乾燥した糞と、きわめて濃度の高い尿を出すことによって水分を維持

する。また、他の哺乳動物ならほとんどが死んでしまう45℃まで体温が上がっても、耐えられる。そのため、ラクダは熱を逃すのに汗を出す必要がなく、より多くの水分を蓄えられる。彼らは体重の25％の水分を失っても、水が補給されればすぐに回復する——脱水が激しいラクダの場合、まるで車のガソリンを満タンにするかのように、10分間で150ℓもの水を飲む。ラクダは塩水を飲んでも平気で、餌がなくても長期間生き延びられるように、こぶに脂肪を蓄えることもできる。目は分厚い瞼で日光を遮り、濃く長い睫毛で砂塵の侵入を防いでいる。耳の内部も濃い毛に覆われており、同じ目的を果たしている。スリットのような鼻孔は息を吐くときに湿気を逃さないため、あるいは砂塵の侵入を防ぐため、完全に閉じられるようになっている。背中の剛毛とその下の軟毛は、砂漠の夜の寒さと昼間の焼けつくような暑さの両方に対して断熱材として働き、肘や膝の分厚いパッドは座ったときにその体重を支えてくれる。蹄の間の皮膚組織は、重い荷物を運ぶときでも砂に脚が沈み込まないためのものだ。こうした特徴のいくつかは他の哺乳動物にも見られるが、ラクダほど幅広い適応をもつものはない。

　サハラ砂漠の動物には、体高わずか20cmという、キツネの仲間では最小の種のフェネックギツネ（*Vulpes zerda*）もいる。げっ歯類や昆虫、鳥や卵を狩る夜行性のハンターである彼らは、暑い昼間は地下の巣穴にいる[19]。ラクダと同様、フェネックは

フェネックギツネ

水を飲まずに長期間生き延びることができ、水分を維持するために濃縮された尿を出す一方、柔毛で覆われた足裏は熱い砂から脚を守っている。その不釣合いに大きな耳（長さ15cm）には、はるか遠くからでも獲物の音をキャッチする働きのほか、熱を逃す働きもある。

　これと同じような適応が見られるのが、北米の砂漠に生息するジャックウサギ（実はノウサギ）の長い耳である。オグロジャックウサギ（*Lepus californicus*）とアンテロープジャックウサギ（*Lepus alleni*）には、複雑な体温調節機能をもつ薄い耳があり、血管を拡張させることによって熱を逃し、被毛からの光を反射する。これらの夜行性のウサギは、必要な水分を食べた植物から得ている。カラハリ砂漠のゲムズボック（*Oryx gazella*）も、汗を出さないことで水分を維持している。彼らは鼻に血液を冷却する循環システムをもち、脳を低温に保つことができるため、体温が45℃まで上がっても生き延びられる。

チュドップの水場にいるゲムズボックとホロホロチョウ、エトーシャ、ナミビア。

Desert

ジャックウサギ

　日中の暑さから逃れることは、灼熱の砂漠で水分の損失を最小限に抑えるための一般的な適応だ。主にサハラ砂漠に生息し、絶滅の危機にあるアフリカ北西部のチーター（*Acinonyx jubatus hecki*）は、ほぼ完全に夜行性である[20]。オーストラリアの多くの砂漠動物も、地下やスピニフェックスのような植物の茂みに隠れ、夕方に餌を食べに出てくる。ミミナガバンディクート（*Macrotis lagotis*）をはじめ、ネズミクイ（*Dasycercus cristicauda*）やスミントプシス（*Sminthopsis* 種）といったネズミに似た有袋類の大部分、そしてトゲホップマウス（*Notomys alexis*）も、アカカンガルー（*Macropus rufus*）やコシアカウサギワラビー（*Lagorchestes hirsutus*）と同様、薄暮活動性の動物である。

　こうした動物たちの多くは、水分を蓄えるためのさらなる生物学的適応をもっている。スミントプシス、ピルバラ・ニンガウイ（*Ningaui timealeyi*）、ムルガラなど、フクロネコと総称されるオーストラリアの肉食有袋類がめったに飲水を必要としないのは、彼らが捕食する昆虫やクモ（とくに水気の多いオオツチグモが好物）、バッタ、小型脊椎動物に約 60% の水分が含まれているからである。また、夜間に狩りをし、昼はスピニフェッ

第 2 章　さまざまな適応能力　　59

クスの茂みに隠れていることで、暑さを避けている。さらに、餌が豊富な時期には、必要に応じて再吸収できるように尾のあたりに脂肪を蓄える。昆虫は年間を通して豊富なため、フクロネコは日照りに関係なく、季節的に繁殖を行なうことができる。

　生存する最大の有袋類であるアカカンガルーも、乾燥によく適応している。カンガルーはきわめて移動性が高く、一回の跳躍で5mも進むことができる。高速移動の場合、四本脚で走るよりも二本脚で跳躍した方が効率的で、それは後脚のアキレス腱がそれぞれスプリングのように働き、跳躍のたびにエネルギーを再循環させられるからである。四本脚の動物がより速く動くためにはより多くのエネルギーを必要とするが、カンガルーは同じ跳躍回数のまま歩幅を伸ばすだけでいい。さらに、跳躍に伴って横隔膜が自然に上下するため、肺が自動的に膨らんだり、萎(しぼ)んだりする。また、カンガルーは生殖器系にも無駄がない。長引く日照りの時期には、オスは精子をつくらず、メスの生殖システムは遮断される。そして餌の豊かな時期になると、メスはきわめて効率的な生殖マシンとなる。メスは同時期に時間差をつけて三匹の子をもつことができる——育児嚢(のう)から出た子、育児嚢の中にいる離乳前の子、そして子宮内に留まっている胎芽(たいが)。メスは出産後数日で再び交尾するが、新しい胎芽は長さ約25mmで成長を止め、先にできた子が育児嚢を出るまで休眠状態を保つ。このように胎芽を休眠させることで、カンガルーは日照りの時期は数を抑え、餌が取れる時期には急速に数を増やすことができる。

　寒さの厳しい砂漠では、水分の蒸発によって困難が増すことはないため、風を除けば、概して乾燥がもたらす問題は少ない。とはいえ、中央アジアの三つの砂漠には非常に多様な適応が見られる。

　キズィル・クム砂漠では、サイガ(*Saiga tatarica*)のような北部の冬の移動性動物を除けば、動物はきわめて少ない。一方、タクラマカン砂漠では、とくに外縁地域で動物の生態がより多く見られる。水や植生のある川の流域や三角州にはガゼルやイノシシ、オオカミ、キツネなどがおり、今は絶滅したものの20世紀初めまではトラもいた。希少動物として、タリム川流域にシベリアジカが生息しているほか、今は東部でたまにし

か見られなくなったが、19世紀末までは野生のラクダもタクラマカンのほぼ全域で確認できた。ゴビ砂漠にはこれよりさらに多くの動物が生息しており、フタコブラクダやモウコノロバ、コウジョウセンガゼルなどが見られる。冬にはユキヒョウやヒグマ、オオカミが北部からやって来ることもある。

　一方、こうした高温砂漠の乾燥に対する適応と、南極大陸の厳しい寒さを生き抜くための適応とを比較するのも興味深い。南極大陸でもっともよく知られ、もっとも人気のある動物といえば、アニメ映画『ハッピーフィート』（2006年）や長編ドキュメンタリー『皇帝ペンギン』（2005年）の主役となった数種のペンギンである。暑い砂漠に生きるラクダがそうであるように、冷たい氷の砂漠に生きるペンギンも体温を保つための多くの戦略をもっている。面白いことに、体温を保つというもっとも重要な生き残り戦略のひとつは、彼らが今より温暖な気候の下で生きていた遠い過去に発達させたものらしい。ペンギンの体には、フリッパーと呼ばれるひれから胴体へ戻る冷たい血液と、胴体からフリッパーへ向かう温かい血との間で熱交換を行なう血管網がある。こうした対向流熱交換システムによって、胴体へ戻る冷たい血が温められ、体温が維持される[21]。コウテイペンギン（*Aptenodytes forsteri*）では、絡み合うように接した静脈と動脈によって体温が再利用される一方、鼻腔（びこう）でも呼吸によって失われた熱の80%が回収される。

　ペンギンの体内温度幅は37.8℃から38.9℃までと狭く、氷点下2.2℃の冬にこれを維持するためには、風や水を通さない保温カバーが必要となる。まず、筋肉を動かすことによって羽毛を地面に対して垂直にし、皮膚との間に温められた空気層を閉じ込める。反対に、潜水のときはこの羽毛を水平にし、皮膚と柔らかい下毛を水から守る。羽づくろいは断熱を促し、羽毛の油分と撥水性（はっすい）を保つために不可欠である。ペンギンの背中の黒い羽毛は太陽の熱を吸収し、体温を高める働きをもつ。分厚い皮下脂肪は冷たい水の中で断熱材として働くが、おそらく、水中で長時間体温を保つには不十分だろう。したがって、ペンギンは十分な体温を生み出すため、水中にいる間はずっと体を動かし続けなければならない。陸地では、熱を逃さないためにフリッパーを胴体にぴったりと寄せ、さらに熱を生むために体を

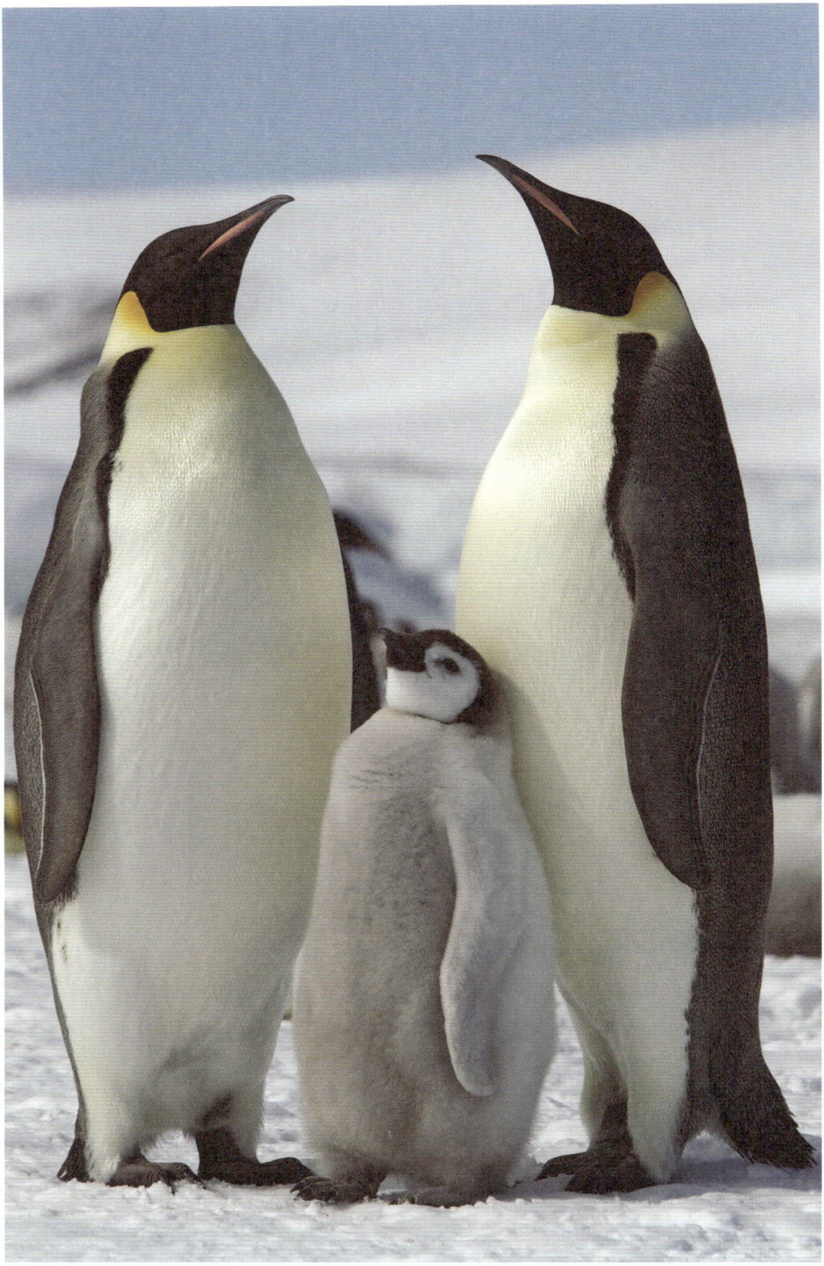

震わせる。オウサマペンギン（*Aptenodytes patagonicus*）とコウテイペンギンは両足を斜めに傾け、全体重を踵と尾にかけることによって、氷面との接触を最小限にしている。

コウテイペンギンは、地球上でもっとも寒冷な状況——氷点下40℃の気温と時速144kmの強風——で繁殖を行ない、氷点下2.2℃の海中を泳ぐ。そのため、彼らにはさらなる温度適応が必要となる。繁殖前、コウテイペンギンは皮下脂肪を厚さ3cmにまで発達させるため、断熱機能の低い他のペンギンに比べて、陸地での可動性が損なわれる。ごわごわした短い羽毛は槍のような形をしており、皮膚全体をびっしりと覆っている。1cm²当たり約15本生えているというその羽毛は、鳥類の中でもっとも密度が高く、羽毛と皮膚の間の細かい綿羽がつくる断熱層とともに、空気を取り込む保温ジャケットのような役割を果たしている。コウテイペンギンは10℃から20℃までの気温なら代謝率を変えずに体温調節ができるが、これを下回ると代謝率を大きく高める必要がある。泳ぐ、歩く、体を震わせるといった運動が代謝を高めるための主な方法だが、グルカゴンというホルモンを分泌することにより、血中グルコース濃度（血糖値）を上昇させる方法もある。

一方、陸地では過剰な体温上昇が問題になる場合もあるため、ペンギンは体温を下げるための適応ももっている。彼らは口を開けてパンティングと呼ばれる激しい呼吸をしたり、皮膚に接する断熱層を壊し、熱を逃すために羽毛を逆立てたりする。体温が上がりすぎたペンギンは、胴体からフリッパーを離し、熱を放出するために両面を空気にさらす。また、循環系によっても体温が調節される。「汗」をかかない彼らでも、歩くときや泳いだ直後には熱を逃がす必要があるため、アデリーペンギン（*Pygoscelis adeliae*）は足の血管を拡張させ、ピンク色にして、その表面から体内の熱を放出する。

オスのコウテイペンギンは極寒の中で約3ヶ月間、抱卵嚢と呼ばれる皮膚の襞によって卵を温め続ける。抱卵中、オスは何も食べず、体に蓄えられた脂肪だけで命をつなぐ。真冬の南極では、抱卵中のコウテイペンギンのオス6000羽が亀甲隊形に体を寄せ合い、もっとも暖かい中心部——24℃にもなる——に向かって場所を入れ替わりながら寒さをしのぐ。こうしたハ

コウテイペンギンの親子、スノー・ヒル島、南極大陸

ドリングによって熱の損失は50％も軽減できる。卵が孵化する頃には、オスの体重は当初の約半分に減っており、メスがひなに餌をやるために海から戻ってくると、オスは自分自身の栄養補給のために氷の向こうへと長い旅に出る。

　次の章では、もっとも万能な哺乳動物である人間を取り上げる。私たちの進化と適応は、世界中の砂漠の過酷な生活環境に耐えることを可能にしてきた。

第3章　過去と現在の砂漠の文化

アラブたちが砂漠や荒れ野の話をするのはわれわれの場合とはちがう。どうしてわれわれのようにする必要があろうか、彼らにとってはそれは砂漠でも荒れ野でもなく、あらゆる特徴を知りつくした土地であり、そこにできる産物はどんな些細なものでも彼らの必要を満たす使いみちがある母国なのだ。彼らはこの広大な空間の中で楽しむにはどうすべきか、あらしの襲来をいかに迎えればいいかのかを知っている、少なくとも、不滅の詩句の中で彼らの考えが形づくられていった頃には知っていたのである。
（ガートルード・ベル『シリア縦断紀行1』、田隅恒生訳）

　ヨーロッパ人のイメージする砂漠は、生命を脅かす恐ろしい場所であり、極限の体験、過酷な「荒野」、心身の危機といった克服すべき試練を連想させる。しかし、考古学的証拠が示すところによれば、6万年前、人間は積極的に砂漠地帯へ入り、乾燥が進んでもなおそこに留まった[1]。20世紀に入るまで、砂漠で人間が生き延びるには、季節ごとに食料源を求めて移動し、他に必要な物は町や港で砂漠の生産物と交換して得るという遊牧生活を行なうしかなかった。現在、こうした砂漠の伝統的な生活様式は、民族間の接触、植民地化、産業化、資源開発、観光事業などによって、その手段やアイデンティティー、存続を脅かされ、政治的・経済的勢力の攻撃にさらされている。
　ベドウィン族は、西洋のイメージの中でずっと砂漠のロマンを象徴する存在だった。だが、ベドウィン族とは実際にどんな人びとだったのだろう。そして今、彼らはどうしているのだろう。何千年も前からアラビア半島に住んでいるベドウィン族は、

戦う遊牧民だった。彼らは毎年、ラクダや羊、山羊の群れとともに移動することで、この過酷な環境を生き抜き、やがてペルシア湾から大西洋へと広がっていった。水なしで10日間も旅することができるラクダ（羊が4日間、牛が2日間なのに比べて）は、一家のもっとも貴重な財産であり、その乳や肉は食用として、毛はテントの生地や衣服として、糞は燃料として役立ち、その運搬力や筋力は水を引くのに役立った。ラクダはまた、奇襲や即時退却に対する装備にもなった。ベドウィン族は何世紀にもわたって砂漠の通商路を支配し、隊商を護衛したり、通行料を取り立てたり（ライン川を渡る船に法外な通行税を請求した追いはぎ貴族のように）、他の部族の隊商を襲ったりしてきた。実際、「砂漠が砂の海ならば、ベドウィンはそこをさまよう海賊である」と言われていた[2]。

　遊牧民の社会は、家族や一族、部族に対する熱い忠誠心を特徴とする。長老たちによって選ばれた族長シャイフは、その性格の強さによって部族を支配し、そして保護した。彼らは厳格な行動規範をもち、部族への忠誠、女性の貞節（顔をヴェールやマスクで覆うことも含めて）、従順、寛大、もてなしの心、そして名誉といった価値観が重んじられた。これには報復が報復を呼ぶ殺人のサイクルも含まれ、これを止めるには罪への償いとして賠償金を払うしかなかった。20世紀初めの英国の旅行家ガートルード・ベルが、「砂漠が知る唯一の産業、唯一のゲーム」（『シリア縦断紀行1』田隅恒生訳）と呼んだghazu（襲撃）は、部族の富を増やし、微妙な力のバランスを保つものだった[3]。隊商も定住民も、この襲撃を避けるために通行料や見かじめ料を支払った。ただ、襲撃が成功するかどうかは奇襲やスピード、巧みな策略にかかっており、流血を伴うことはめったになかった。

　彼らの規範でとくに重んじられたのは、贅沢なもてなし（diyafa）と寛大さであり、たとえ敵であっても、よそから来た者は誰でも3日間の食事と寝る場所、そして保護を与えられた。最後の羊を潰してでも、あるいは近所に借金してでも、客には手の込んだ料理が振る舞われた。

　アラブに住むベドウィン族のほとんどは敬虔なイスラム教徒だが、彼らはその不安定な生活ゆえに生まれつきの運命論者で

（上）シリアのベドウィン族の羊飼い。羊飼いは荒野を越え、パルミラの市場へと羊の群れを追っていた。

（下）ベドウィンの女性たちが「ハヤブサ」のようなマスクのついたブルカをまとい、糸を紡いだり、編み物をしたりしている。オマーン、1913年。

第 3 章　過去と現在の砂漠の文化

テントにいるベドウィン族の一家、ワヒバ砂漠、オマーン、2005年。

もあり、今なお迷信が広くはびこっている。実際、ベドウィンは「邪眼」を恐れ、何かを露骨に褒めることをめったにしない。そんな彼らを悪霊やジンから保護してくれるのは、人間や動物——そして最近は車やトラック——が運んでくるお守りや魔よけである。

　伝統的なベドウィンの遊牧民は、横長で天井の低い黒いテントに住んだ。山羊やラクダの毛でつくられ、中心を背の高い一連のポールで支えられたテントは、その数によって一族の富や地位が示された。こうしたテントは砂漠の生活によく適応したものだった。一時間足らずで片づけることができるうえ、羊やラクダの毛でできた生地は濡れると膨張するため、水も弾いた。それは寒い夜には暖かく、風の強い日には避難場所となったばかりか、暑い真昼には両側面と背面を巻き上げて微風を入れることもできた。テントの前面部分は男性の領域で、客を迎えるためにも使われたが、家族が寝起きし、料理するのは仕切りのカーテンの奥にある女性用の部屋だった。今日、ベドウィンの裕福な家族のテントには、電灯やテレビといった電化製品のために発電機を備えているところもあれば、ラクダや羊の群れと並んで、外にトラクターやライトバンが駐車されているところもある。

一方、オアシスは遊牧よりも安楽な生活様式をもたらし、紀元前5世紀頃から、そこに定住民の社会が発達した。その代表的なものがメッカである。こうした集落ではナツメヤシや穀物が栽培され、スパイスや象牙、金などをアラビア南部やアフリカから肥沃な三日月地帯へと運ぶ隊商のちょっとした交易拠点となった。砂漠の遊牧民と町の住人、そして小作人（fellahin）を区別する社会的階層は、たとえそれが必ずしも各階層の相対的な豊かさを反映したものでないにせよ、今もアラブ世界の特徴である。

　遊牧生活を支えるのに必要な広大な領地は、もはや手に入らない。18世紀のオスマントルコによる土地法では、共同体による土地の所有は無効とされた。最近でも、人口増加や都市化、産業化、石油ブーム、そして基地を求める軍の要請によって、これまでの放牧地はひどく侵されている。1950年代、サウジアラビアとシリアはベドウィン族の放牧地を国有化した。また、ヨルダンは山羊の放牧を厳しく制限し、イスラエルはネゲヴ砂漠のベドウィンが利用できる土地を縮小し、彼らを支配しやすくするために村や町へ追いやった。今日、ベドウィン族はアラブの全人口の10％に満たず、本物の遊牧民は1％にも満たない。彼らはたいてい社会の最貧困層にあり、その進歩から取り残され、軽んじられている。ところが、おかしなことに、伝統的な遊牧民の美徳は今も純粋なアラブ・イスラム文化の手本とされ、彼らは観光客のためにその伝統的な生活様式を演じさせられている。実際、アラビア政府は、黒いテントや伝統的な家具調度品を完備し、観光客のイメージ通りの格好でラクダを引くベドウィンのテーマパークを建設しようとしている。また、ベドウィンの伝統に基づいた祭りや「婚礼」も観光客に大人気だが[4]、当の演じ手たちはこれを下劣と考えているかもしれない。

　11世紀に始まったイスラムの秘儀的宗派であるドルーズ派は、主にシリア、レバノン、イスラエル、ヨルダンに分布している。彼らの宗教にはユダヤ教、キリスト教、イスラム教、グノーシス主義および新プラトン主義の要素が含まれている。高潔、忠義、孝行といった信条を守ることに厳格な彼らは、それにもかかわらず好戦的で、疑い深く、無慈悲である。ghazu（襲撃）

をゲームとするベドウィン族と比較して、ガートルード・ベルはこう書いている——「[ドルーズ派]にとってそれは血戦なのだ。彼らは本来楽しむべきゲームを楽しもうとせず、殺戮(さつりく)のために出かけて行き、誰も容赦はしない。(中略)男女、子供を問わず手当たり次第に殺すのである」[5](『シリア縦断紀行1』同前)。

現在、約300万人を数えるベルベル人(「野蛮人」を意味するラテン語のbarbarinusに由来)は、北アフリカのナイル川流域西部に住む土着民である。彼らはみずからを、「自由人」を意味するアマジグと呼ぶ。もとは地中海で海賊行為をしていた沿岸住民だった彼らは、次々と押し寄せる侵略者や入植者、とくに7世紀に北アフリカを征服したアラブ人によって[6]、南のサハラ砂漠やアトラス山脈へと追いやられた。現在はさまざまな人種が混ざるアマジグ人だが、言語学的にいえば、タマジグト語の話者として識別できる[7]。

ベドウィン族と同じく、アマジグ人は古くからの遊牧民で、西アフリカのティンブクトゥから地中海へとラクダの隊商によって品物を運んでいた。現在、そのほとんどはモロッコやアルジェリア、チュニジア、リビア、ニジェール、マリなどで農業を行なうか、都市部で生計を立てており、これには鉄細工や陶器、刺繡(ししゅう)、キリム〔つづれ織りの毛足のない敷物〕といった地元工芸品の製作も含まれている。

アラブ人、次いでフランス人によって侵略されたアマジグ人が、1956年にモロッコがフランスから独立して以来、さらに困難な状況にあることはほぼ間違いない。アマジグ人の65%は社会の最貧困層にあり[8]、アマジグの活動家によれば、モロッコの「アラブ化」は彼らへの国家的排斥(はいせき)につながった。実際、都市部から離れて住む人びとには道路も病院も水道もない。学校へ通えるのはアマジグ人の子供の5人にひとりで、しかもそこではアラビア語かフランス語で授業が行なわれる。彼らの歴史や文化は無視され、親たちは子供をアラビア語の名前で登録させられている[9]。

アマジグの文化にとってもうひとつの脅威(きょうい)は、モロッコ南東部のタルシント周辺で行なわれている石油探索である。アマジグ人にとって、これらの石油会社は新たな征服軍にほかならず、

山羊を連れたトゥア
レグ族の男女、マリ、
1974年。男性はタゲ
ルムスト (tagelmust)
と呼ばれる藍色の
ヴェールをしている
が、女性はヴェールを
していない。

彼らは従来の土地所有者に何の補償金も払っていない。行き場を失ったアマジグ人にとって、もはやその土着の文化が生き残れる土地はない。しかし、石油会社がアマジグ人を社会政治的な舞台から追いやっている一方で、国家当局は観光収入のために彼らを不当に利用している。伝統的に、アマジグ人は秋になるとアトラス山脈にあるイミルシルの農村市場へやって来て、冬に備えて買い物をした。若者たちはそこで出会いを求め、結婚相手を選んだ。現在、年に一度の「ベルベル人の婚約祭りと市場」は、アラブ人当局が運営する主要な観光イベントになっており、彼らは高い料金を取って集団婚約の管理・登録を行なっている。

　トゥアレグ族は、主にニジェール、マリ、アルジェリア、リビアに分布する、ベルベル語系の言語を話す遊牧民である。その名前は失われた伝説のオアシス、タルガに由来し、今はほとんど使われていないものの、古代文字ティフィナグももっている[10]。ベルベル人系遊牧民の流れを汲むとされる彼らは、サハラを横断する有利な隊商（たずさ）交易に携わり、金や塩、象牙、スパイ

第3章　過去と現在の砂漠の文化

球根植物から水を飲むナロ・ブッシュマン(クン族)、2008年。

ス、ナツメヤシ、奴隷などを北部のアラブ人商人のもとへ運んだ。20世紀に入ると、運搬手段のほとんどが列車やトラックに取って代わられたため、現在、トゥアレグ人の多くは都市部に住み、トラックを運転している。しかし、彼らの一部は今もラクダの隊商を続け、マリのタウデニの岩塩坑やニジェールのビルマからティンブクトゥまで、600kmの道のりを三週間かけて塩を運んでいる[11]。こうした隊商の旅は観光名物となり、四輪駆動車から写真を取られることも多いが、その演じ手には何の金銭的利益もない。トゥアレグ族でもっとも有名なのは、男性だけがまとうタゲルムスト(tagelmust)と呼ばれる藍色の長いヴェールである(このことから、彼らは「サハラの青い民」と呼ばれる)。ターバンのように頭にぴったりと巻きつけ、目以外の顔全体を覆うこのヴェールは、砂や風から身を守るだけでなく、口からジンが入ってくるのを防いでくれる。それは「平時であれ戦時であれ、敵にこちらの考えを知られないように」するためだ[12]。

トゥアレグ族は他のイスラム文化から異端と見なされている

72　*Desert*

（tuaregはアラビア語で「神に見捨てられた者」を意味する）が、彼らの社会では（ヴェールをかぶらない）女性が中心的役割を担うことを許されている。社会的地位や政治的権力は母系が掌握するものであり、経済を握るのも女性なら、一家の住まいや家畜を所有するのも女性である。

　北アフリカがフランスから独立して以来、トゥアレグ族は社会から取り残された少数民族として、他の民族同盟にずっと支配されてきた。1970年代から80年代にかけての深刻な日照りは、何千というトゥアレグ族とその家畜の命を奪った。ニジェールの排斥政策によって食糧援助や医薬品、開発地を奪われた彼らは、軍事的派閥による紛争を避けるため、アイル山地の奥深くへと四散した[13]。アイル山地に接するアーリットでのウランの露天掘りも、トゥアレグ族にとっては危難であり、放射能汚染と帯水層の枯渇により、彼らの土地は20年以内に住めなくなると訴えている[14]。

　クン族は、ナミビアおよびボツワナのカラハリ砂漠やアンゴラに住み、クン語を話す[15]。ブッシュマンやサン、バルサワ、クウェとしても知られる彼らは、アフリカ南部の先住民でコイサン語族（その地域の多数派であるバントゥー語族とは異なる）に属する。また、他のバントゥー系民族よりも身長が低く、より明るい肌色ときつい縮毛をもち、アジア系民族のように目に蒙古襞がある。2万5000年前、このクン族と近縁関係にある民族がアフリカ南部および東部に住んでいたとされ、彼らに特有の遺伝子マーカーが示すところによれば、クン族は世界最古の民族だという[16]。

　大ヒット映画『ミラクル・ワールド／ブッシュマン』（監督ジャミー・ユイス、1981年）は、クン族を一躍スターへと押し上げた。楽園の住人のように幸福で、穏やかで、満ち足りた狩猟採集民として描かれた彼らは、いくつかの家族が集まった小グループで暮らし、わずかな持ち物を共有して、時間の束縛のない土地で質素な生活を送っているとされた。こうしたイメージは、ローレンス・ヴァン・デル・ポストの著書『カラハリの失われた世界』（1958年）（佐藤喬・佐藤佐智子訳、筑摩書房、1982年）――現在はヨーロッパ中心の主観的な見方と批判されている――をはじめ、ハーヴァード大学の民族誌学者リチャード・リーとアー

ヴン・ドヴォアによる1960年代のフィールドワーク、そしてローナ・マーシャルとジョン・マーシャルによる1970年代のフィールドワークによるところが大きい。

　これらの研究者によれば、クン族は旧石器時代の生活様式に従って半永久的な野営生活を送っており、彼らの草葺きの小屋は日常生活が営まれる共用部分を囲むようにして建てられた。水などの資源が尽きると、持ち物がほとんどない彼らは造作なく別の場所へ移動した。男性は毒矢と槍で狩りを行なったが、傲慢はひどく嫌がられたため、狩りに成功した者は獲物を分け合い、不足する場合は謙虚に謝った。一方、食料のほとんどを調達したのは女性で、ベリーや果実、木の実などを集めた。とくにモンゴンゴの木からは栄養価の高いナッツが豊富に採れ、ダチョウの卵は殻が水筒として利用された[17]。人類学者のマーシャル・サーリンズとリチャード・リーによれば、常に十分な資源に恵まれていたクン族は、「真の豊かさ」を享受していた。生きるための最低限の仕事を週に約20時間するだけで、必要なものはすべて満たされたため、残りは歌や物語などの遊びやゲームをして自由に過ごしたという[18]。しかし、こうした楽園のようなイメージは、今ではほとんど信じられていない。実際、彼らの仕事量は1960年代にリーが示したよりも多かったうえ、食料を蓄えることができないため、季節ごとに栄養失調になる者も出ていた。

　アニミズムの信仰者だったクン族は、精霊の世界から絶えず影響を受け、それによって健康や病、死や食料源が決定されると信じていた。彼らによれば、病はみずからトランス状態に入ったヒーラーの、N/um Tchaiという呪術の踊りによって取り除かれた。こうした旧石器時代の文化は、比較的新しい時代にバントゥー系民族によって滅ぼされたと長く考えられていた。しかし、1980年代から90年代にかけて、修正主義の学者たちは、約2000年前の鉄器時代にバントゥー語を話す人びとがクン族の土地へ移住し、そこで牧畜と農耕による定住生活を紹介したと主張した。彼らと接触したクン族の多くはその新しい生活様式を取り入れ、衣類や保護と引き換えに牧夫や農夫、家事使用人として働いた。実際、考古学者が示すところによれば、バントゥー族がやって来る以前から、一部のクン族は狩猟採集だけ

ナミビアのクン族の家族。

でなく、家畜の世話も行なっていた[19]。

　近代的なボーリング技術によって乾燥地帯でも家畜の放牧が可能になると、狩猟採集民はついに行き場を失った[20]。家畜をツェツェバエから守るために設置されたフェンスは、周期的に移動する野生動物のルートを断った。そして、歴史的に部族の代弁者としてのリーダーをもたず、私有という概念をもたないクン族には、補償を求める方法もない。最近では、彼らの狩りや追跡の技術が、侵入者を監視する農場主のほか、ゲリラや地雷原に対処する軍によって不当に利用されている。結局、政府は「補償」として、クン族を強制的に学校や近代的設備のある地域へ移住させた[21]。ダニエル・リーゼンフェルドのドキュメンタリー映画で、『ミラクル・ワールド／ブッシュマン』の主役カイを演じたニカウの生涯最後の数週間を記録した『ニャエ・ニャエへの旅（Journey to Nyae Nyae）』（2003年）や、ジョン・マーシャルの映画『ナイ：あるクン族の女性の物語（N!ai:

コロボリーと呼ばれる先住民の祭りで踊るアボリジニー、ユーラーラ、ノーザン・テリトリー、オーストラリア。

The Story of a !Kung Woman)』（1980年）は、現代に生きるクン族の悲しい姿を伝えている。政府の施しと引き換えにその伝統的な生き方を捨て、トジュムクイ（Tjum!kui）への移住を迫られたクン族は今や、込み合った生活環境や無為な暮らしを強いられている。大きな健康問題を抱え、アルコール依存症や家庭内暴力に直面する者もいる[22]。

今日、人びとがオーストラリアの砂漠と最初に出会うのは、たいていその広大な大地を横切る飛行機の窓からではないだろうか。一見すると、単調で何の変哲もないように見えるこの土地は、実は世界でもっとも古くから続く文化、つまり、オーストラリア先住民アボリジニーの5万年以上にわたる文化の発祥の地なのである。これまでに発見された最古の人骨は約4万年前の「ムンゴ・マン」のものだが[23]、最初のアボリジニーが渡来した時期についてはまだ議論が続いており、その推定範囲は

12万5000年前にまで遡る。彼らはインド・マレーシアの本土から、インドネシアとニューギニアを経由して、更新世の氷河期に露出した陸橋の間を底の浅い舟でやって来たとされている——当時は今より何百mも水位が低かった。彼らが最初に今の砂漠地帯へと南下したとき、状況はより有利なものだったと思われるが、最終氷期最盛期（約1万8000年前）には、それまでの水源や主要な食物の多くが失われたと考えられる。

　伝統的なアボリジニーは完全に自給自足の生活を送っていた。男性は大きな獲物（ノガン、カンガルー、エミュー、今は絶滅した大型動物類）を狩り、女性は種子や木の実、果実、蜜アリのほか、少なくとも92種が特定されている植物や小型の穿孔動物を集めた。彼らの食料の70％から80％は植物性のもので、それをオオトカゲや地虫、小型哺乳類（最近では何と野良猫も）によって補っていた[24]。どこにでも生えているスピニフェックスは多目的に使える資源だった。それは食用にもなる小動物の隠れ場所であり、火をおこすのにも利用できた。時間をかけて燃やせば、槍の柄に尖頭をつけるのに便利な接着剤のような樹脂も取れた。マルガの木は避難所、薪、食料、武器、そして掘り棒にもなった。

　砂漠を生き抜くために同じく不可欠だったのが、「水溜り」（mikiri）の場所についての知識だ。これは礫層や粘土層の上に形成された浅い帯水層のことで、そこへは蒸発や腐敗を抑える細長い地下道が通っているのだが、シルト〔砂と粘土の中間の大きさの砕屑物〕が詰まるのを防ぐために定期的な清掃・管理が必要とされる。先祖から伝わる連作歌曲や踊りは、こうした水溜りの場所やそれを維持する責任を部族に思い出させるものだった。1788年以降、英国から入植者がやって来ると、当然ながら領地をめぐる対立が生じ、アボリジニーはその土地や水溜りを奪われた。猟場を失った彼らは、食料にするために羊を槍で突き刺した。入植者たちは銃でこれに報復し、部族を皆殺しにすることもあった。1880年代から掘り抜き井戸が使えるようになると、入植者とその家畜は乾燥地帯へとさらに進出し、アボリジニーの社会を急激に変えていった。お茶や砂糖、小麦粉、タバコなどの施しを通して伝道団や植民地の生活に引き寄せられた彼らは、やがて大牧場で働くように誘われた。だが、

その賃金は 1960 年代に賃金制度改革が行なわれるまで、彼らが何とか食べていける程度のものにすぎなかった。従来の狩猟採集民の生活様式は、食料や衣服と引き換えに労働力を提供するというものに取って代わられた。

ただ、アボリジニーにとって物理的資源と同じくらい重要なのが、その霊的アイデンティティーである。これは「聖なる祖先たち」と、彼らが「夢の時代」に創造した人間や動物、そしてその「故郷」である大地との密接な結びつきに基づいている（この結びつきについては第 5 章で説明する）。「故郷」のもつ霊的パワーは今もきわめて強く、それは先祖代々の土地を一度も訪れたことがない、都会育ちのアボリジニーにとっても同じである。しかし、そんな故郷の魅力と彼らが西洋社会で直面する多くの困難にもかかわらず、ほとんどのアボリジニーにとって、常設の水道や医療設備、店で簡単に食料が手に入ることの便利さは捨てがたいようだ。

16 世紀にチリの沿岸でスペイン人が最初に目にした漁師は、約 1 万 1000 年前に南米へ初めて渡ってきたアタカマ砂漠の先住民、アタカメーニョ族の子孫だった[25]。貝塚が示すところによれば、彼らは主に豊かな海洋資源を食料とし、魚を獲ったり（おそらく網で）、軟体動物や海鳥、カメ、そしてアシカのような海生哺乳類を捕まえたりしていた（磯で銛を打ち込むなどして）。彼らは精巧な道具も考え出した——石のナイフや掻器、繊維を撚った紐や葦のマットのほか、貝殻や棘でつくった釣り針、骨でできた重りや銛の尖頭、首輪状の網など[26]。

沿岸部に近接する砂漠の内陸地域では、季節ごとに陸生の食料も得られた。太平洋から流れ込む霧がロマと呼ばれる「小さな丘陵地」をつくり、そこに生い茂る植物が鳥類をはじめ、げっ歯類やキツネ、ラクダ科動物といった狩りのできる動物を引き寄せた。しかし、淡水は今も乏しいままであり、アンデス山脈から流れる小川へとケブラダ（quebradas、谷）を上って沿岸北部へ行くか、南部の汽水泉でしか得られない[27]。ただ、現在は霧から効率的に水分を集めるため、海岸近くに網目ネットを垂直に設置し、その下の管から凝縮液を取り込むといった工夫もなされている[28]。

アタカマ砂漠にはまばらに人が住んでいるだけで、その密度

霧を集めるネット。

は1km²当たりひとりにも満たない。現在、先住民は主に沿岸の都市や漁村、オアシス町、内陸の鉱山集落で暮らしているが、彼らはボリヴィアの古代ティワナク文化やインカ人、そしてスペイン人から影響を受けてきた。アルティプラノと呼ばれる高原地帯では、人びとがラマやアルパカの放牧を行なったり、雪解けの小川に流れる水で穀物を栽培したりしている。

　岩の多い沿岸部で採れるグアノ（海鳥などの糞の堆積物）は、過リン酸石灰の豊かな供給源だった。19世紀を通して、チリはアタカマの硝酸ナトリウム鉱山によって、この爆薬の原料の市場を世界的に独占し、それはドイツが合成の硝酸ナトリウムを製造し始める1900年頃まで続いた。また、1950年代以降、アタカマ砂漠は世界の銅の約30％を供給してきた。しかし、道路建設や家畜の放牧、薪集め、都市化や汚染の増大と同様、今も昔も、鉱山は砂漠の繊細な生態系を脅かしている。

　1800年代初めまで、ティンビシャ・ショショーニ族はモハーヴェ砂漠の伝統的な狩猟採集民だった。彼らは家族を基本と

ずだ袋を背負ったラクダとポーズを取るトルクメン人の男性。背景のずだ袋には穀物か綿花が入っていると思われる。1905年〜15年。

した小集団で生活する一方、より大きな文化的・言語的集団であるパナミント族の一派であり、冬と春は谷に住み、夏はメスキート（*Prosopis glandulosa*）の莢（さや）やピニヨンマツ（*Pinus monophylla*）の実を集めるために山岳部へ移動した。これらの種子は石臼（いしうす）でひいて粉末にされ、より厳しい時期に備えて保存された。新鮮な食料としては、ジャガイモなどの塊茎（かいけい）作物や植物の茎、この地域固有のジョシュア・ツリーの果実などがあった。男性はオオツノヒツジや鹿を狩る一方、女性は小型哺乳類を罠（わな）で捕獲したり、植物を集めたりした。

　こうした伝統的な生活様式が崩壊し始めたのは1840年代で、入植者による採鉱や金・銀・ホウ砂の加工処理に伴い、溶鉱炉に大量の水と薪が必要になったためだった。ピニヨンマツやメスキートの森は荒廃し、狩りの獲物は激減して、狩猟採集生活は維持できなくなった。

　1933年、デス・ヴァレー国定公園が観光名所として宣言されると、先祖代々のティンビシャの土地は合衆国連邦政府のものとなり、国定公園内に住んでいた人びとはそこでの自給自足の生活を捨てさせられた。1936年、国立公園局はファーネス・

クリークに彼らが定住できる村を建設し、1981年、ティンビシャ・ショショーニ族は最終的に合衆国政府から正式に承認された──ただし、土地の所有権はいっさい認められなかった。彼らは現在、国立公園局に施設使用料を払いながら、限られた賃金労働と政府の支援によってティンビシャ村で何とか生計を立てている。彼らの先祖伝来の土地は今、ほぼ全面的な保全状態に置かれているため、彼らは立ち退きを余儀なくされるばかりか、狩猟採集の知恵や文化を次へ伝えることもできない。現在、50歳以下の者でティンビシャ・ショショーニ語を話す者はひとりもいない。ティンビシャ族はウエスタン・ショショーニ全国評議会（Western Shoshone National Council）に加わったが、これは土地の権利と生得権の返還を求めるとともに、モハーヴェ砂漠での核活動に抗議するべく設立された団体で、交渉は今も続いている[29]。

　古代から、トルクメン人やウズベク族を中心としたカラクム砂漠の人びとは、カスピ海やアム・ダリヤ川周辺で解体可能なゲルに住む遊牧民だった。彼らは水を求めて深い井戸を掘り、ラクダや山羊、そしてこの地域原産のカラクール羊の放牧を行なった──これは家畜化された羊の最古の種とされ、肉や乳、毛皮や羊毛をもたらした。20世紀に入ると、アム・ダリヤ川から流れるカラクム運河が広範囲に灌漑を提供し、遊牧民のほとんどが農場に定住したり、大規模に家畜を飼育したり、オアシス地帯で綿などの繊維や穀物、果物や野菜を栽培したりする

藁、砂、ラクダの糞といった地元の材料で建てられたタール砂漠の小屋、2006年。

第3章　過去と現在の砂漠の文化　　81

豪華な赤いサリーと伝統的な宝飾品を身につけたインド人の女性、ジャイサルメル、ラージャスターン、2008年。

ようになった。産業化は工場や石油・ガスのパイプライン、鉄道、道路、送電線をもたらした一方、天然資源の開発ブームは硫黄や鉱物、建材の搾取(さくしゅ)と広範囲な環境被害を招いた[30]。

　インド北西部のタール砂漠に住むラージャスターン人は、インド＝アーリア語系、インド＝ギリシャ語系、およびインド＝イラン語系民族とつながりがある。また、西暦1000年頃に北西へ移動する前のロマ族は、このラージャスターンおよびグジャラート地方に起源をもつという言語学的・遺伝学的証拠もある[31]。彼らのほとんどは農業や畜産に従事しているが、その結果として土地の過放牧が進み、浸食や採鉱などの産業とともに、土地の劣化をはじめとする深刻な環境問題を生んでいる。

　ラージャスターン人の生活では装飾が重視される。女性は宝石をちりばめた金銀の精巧な装飾品を身につけたり、サリーに金のスパンコールを縫いつけたり、調度品に金銀の飾りや小さな鏡片をあしらったりする。タール砂漠は、冬に行われる賑(にぎ)やかなプシュカル祭とその目玉のラクダ市が有名で、毎年、何千人もの観光客を引き寄せている。色あざやかな衣装を身にまとったラージャスターンの人びとが、恋や勇気、悲劇をテーマ

にした印象的なバラッドに合わせて歌い踊る一方、ヘビ使いや操り人形師、曲芸師が芸を披露し、美しく飾られた象やラクダが祭りの花形として競い合う。

　現在のゴビ砂漠はひどく乾燥しているが、そこには人間が居住していた長い歴史がある。ゴビ砂漠はかつて大モンゴル帝国の一部として名を馳せ、シルクロードの重要都市だったウルムチや敦煌でも知られていた。しかし、その過酷な環境ではどんな暮らしもほぼ不可能だったため、旅行者の観察記録を除いて、この地域のことが外の人間に知られることはほとんどなかった。ただ、20世紀初めには、この地域に主としてモンゴル人、ウイグル人、カザフ人が住んでいた。

　内陸に位置するゴビ砂漠の厳しい気候と岩だらけの地形は、遊牧民の文化を存続させてきた。住居の主な形は今も伝統的なゲル（モンゴルの円形移動式テント）であり、その構造は2000年以上前からほとんど変わっていない。格子の壁と屋根を分厚いフェルトで包んだその家は、昼間は日光を遮り、氷点近くまで下がる夜は暖かさを保つ[32]。軽い骨組みは30分程度で分解・組立ができ、ラクダの背に載せて運ぶことができる。内部は刺繍を施した織りの壁掛けや敷物で色あざやかに飾られ、枠にはしばしば彫刻や彩色が施されている。最近では、小さな発電機で動く電化製品があったり、最寄りの町まで買い

ゲル（モンゴルの円形移動式テント）の組み立て。木製の格子の骨組みはフェルトで覆われている。

第 3 章　過去と現在の砂漠の文化

物へ出かけるのに使うオートバイが近くに駐車されていたりする。

　現在の新疆ウイグル自治区にあるタリム盆地は、かつて海底だったが今はタクラマカン砂漠が広がっており、ここでは4000年前のミイラが発見されている。砂漠の極端な乾燥と塩分のおかげで、その保存状態はきわめて良好だった。中国の考古学者たちは、この広大な砂漠の真ん中でミイラを見つけて驚いた。それは舟を伏せたような形の棺に埋葬されており、ヴァイキングの舟葬を思わせるものだった。女性の棺には男性器を象徴する高さ4mの柱が立てられている一方、男性の棺は女性器の象徴がつけられた柱の下に横たわっている。こうした生殖の崇拝は、この隔絶した厳しい環境を生き抜くためにそれがいかに重要だったかを証明するものである。

衣装をつけた象。ジャイプル、2006年。

伝統的な衣服をまとい、ゲルの外に立つウズベク族の女性の横顔、1905年〜15年。

興味深いことに、これらのミイラは長身で、金髪もしくは赤毛といった白色人種の特徴をもち、いくつかはタータン柄の布を身にまとっている。実際、その外見とDNA鑑定の結果から、この地域最古の居住者は、おそらくシベリアの大草原地帯やヨーロッパ国境地帯の白色人種に起源をもつことが明らかになっている[33]。「小河の美女」として知られるミイラは、当時にしては比較的背が高く、赤みがかった髪をしたインド＝ヨーロッパ語族の女性で、40代前半で没したらしい。睫毛は無傷のまま残っており、両唇の間から歯も見えている。彼女は房のついた毛織りの外套を身にまとい、毛皮の裏のついたブーツを履き、おしゃれな羽根飾りのついたフェルトの帽子をかぶっている[34]。
「楼蘭の美女」もまた、シベリアやカザフスタンといったユーラシア西部の系統の人種とされ、これはシルクロードが古くから植物や動物、技術や思想の行き交うルートだったことを示唆している[35]。確かに、テュルク人、中国人、モンゴル人、チベット人がそこを通行したという証拠は残っている。だが、そうした証拠は論議を呼び、同地域への単独先住権を求めるテュルク

砂漠を渡る途中で休憩するラクダと飼い主、サム、ラージャスターン、インド。

系ウイグル族——その80％がタリム盆地に住む——の主張に影響を与える恐れがあった。

　20世紀初めまでに、この地域は清朝中国の名目上の管理下に置かれた。そして1949年、毛沢東はこれをイリ・カザフ自治州として宣言し、反乱を抑えるために漢族を送り込んだ。こうした状況が2009年のウルムチでの民族衝突につながり、それ以来、中国人移民の多くが本国へ戻ったため、この地域はウイグル族に残された。しかし、ウイグル族はそのアイデンティティーや忠誠心をめぐって分裂したままで、宗教的根拠から団結し、汎イスラム主義の展望を支持するか、それとも民族的根拠から汎テュルク主義組織として団結し、独立国家ウイグルスタンの設立を支持するかで揺れている。

　次の章では、古代の砂漠文化の芸術表現について検証する。

動物を表したアフリカの岩絵から、アボリジニーの記号のような模様や地面絵まで、こうした先史時代の芸術はその洗練された美意識、精神的背景、そこに表現された気候の変化について、興味深く、そして政治的に論議を呼びそうな推測の数々をもたらしてくれる。

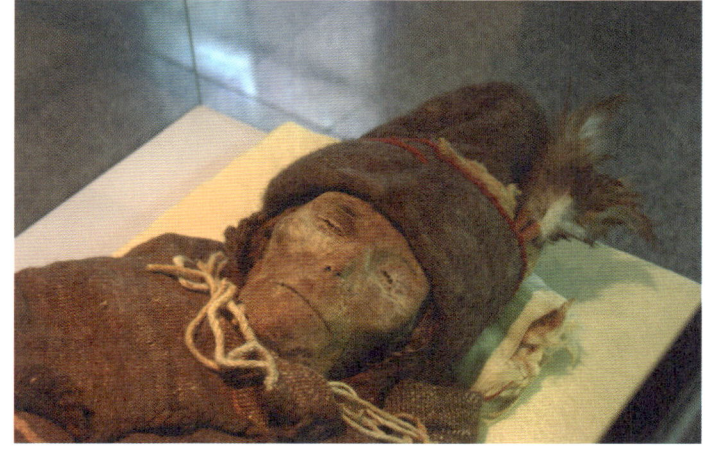

（上）タリムのミイラ「小河の美女」、タリム盆地、中国、2011年。
（下）タリムのミイラ「楼蘭の美女」、タリム盆地、中国、2011年。

第 3 章　過去と現在の砂漠の文化

第 4 章　先祖たちの芸術

こうした古代の芸術家たちの動機は時とともに失われるが、たとえこの［オーストラリア］大陸の最古の芸術を解釈する手がかりがなくても、より新しい起源の岩に刻まれ、洞窟に描かれた膨大な作品群は、目に見える興味深い記録として、この大陸で発展した人間の歴史と独特の文化を伝えてくれる。
（ジェニファー・アイザックス、『オーストラリアの夢の時代（Australian Dreaming）』、1980 年）

　遊牧民や狩猟採集民の文化に見られる芸術作品や工芸品は、内部を美しく飾った中央アジアの砂漠のゲルのように持ち運びできるものか、オーストラリアのアボリジニーが体や地面に描いた絵のようにその場かぎりのものか、あるいは岩絵のように集落が消えても残るものかのいずれかである。
　芸術の最古の形である岩絵は、人類共通の祖先ともいうべき遠い過去の先祖から伝わるもので、私たちが人間として共有しているものを思い出させる。そこには芸術表現とは異なる目的があったのかもしれない。西洋芸術が美的価値観に重きを置くとするならば、岩絵は変容する霊的経験を伝えるためのものだった。
　最古の人間と同じく、最古の芸術作品として知られるものはアフリカにある。南アフリカの南ケープにあるブロンボス洞窟では、繊細な幾何学模様が刻まれた、推定 7 万 7000 年前の黄土片が発見されたほか、赤褐色や黄土色の顔料の容器と思われるアワビの貝殻や、こうした顔料を取り出したり、混ぜたりするための道具も見つかった[1]。この古代の「美術工房」の起源は 10 万年前に遡るが、ナミビアのアポロ 11 岩窟で発見された

石板の絵は少なくとも1万9000年前、あるいは2万6000年前のものと考えられている。

　ファラオの時代、サハラの真ん中では人びとが岩の表面に絵を描いていたが、その下にはすでに6000年前に描かれた別の作品があった。現在、サハラ砂漠では、丹念に岩に刻まれ、描かれたペトログリフと呼ばれる岩絵が3000ヶ所以上で見つかっている。サハラ中央部の山地で発見された最古の岩面彫刻のほとんどは約1万年前のもので、大型の野生動物を描いたその絵は高さ20cmから100cmほどのものが多いが、なかには5mに及ぶものもある。タッシリ・ナジェールやアカクス山地、エネディ山地には、紀元前8000年から紀元前6000年のものとされる岩絵が残っており、主に人間の横顔や野生動物、さらには家畜が描かれている。

　これらを最初に発見したのはフランス人将校のブルナン中尉で、彼は1933年、タッシリ・ナジェールの山塊にあるウェッド・ジェラートを探索していた。この「月面」を思わせる荒涼たる景色のなか、サハラでもっとも素晴らしい先史時代の岩絵群を

眠っているアンテロープを描いたと思われるペトログリフ、ティン・タギール、タッシリ・ナジェール、アルジェリア南部、2011年。

見つけた彼は、どんなに驚いたことだろう。現在、アルジェリアとリビアの国境地帯に広がるタッシリ・ナジェールの台地では、1万5000点以上の線画や陰刻が発見されており[2]、そこには紀元前8000年から紀元前1900年までの気候の変化や動物の移動、人間の生活の歴史が記録されている。最古の岩絵には、豊かな水を湛えたサヴァンナと水を求める動物たち――サイ、キリン、ゾウ、バッファロー、カバ、クロコダイル――のほか、川で泳いだり、舟に乗ったりする人間の姿も描かれている。一方、2000年前より新しい時代の岩絵には、砂漠となったサハラが描かれている。フランスの探検家で民族誌学者のアンリ・ロートは、1956年にタッシリ・ナジェールを訪れ、サハラの岩絵を五つの時代に区分した。そこに描かれた動物たちは、湿潤なサヴァンナを放牧地、狩猟地、そして砂漠へと変えた気候の変化を示している。

現在、線画や陰刻といった岩絵はサハラ各地で発見されている。たとえば、リビア南西部のワディ・マトハンドーシュには、ゾウやキリン、カバ、ミーアキャット、オーロックス（絶滅した大型の野牛）などの動物を描いた大きなペトログリフがある。

エジプト南西部の砂の台地ギルフ・ケビール地方には「泳ぐ

アンリ・ロートとモーリタニアのサハラ砂漠にある岩絵、1967年。

リビアのタドラット・アカクスにあるゾウの岩絵。この地域の急激な気候の変化を反映している。2007年。

人の洞窟」があり、これは1933年、ハンガリーの探検家ラズロ・アルマシーによって、今は涸れ谷となったワディ・スーラの底で発見された。この砂岩の洞窟にはキリンやダチョウ、長角牛といった動物、そしてまさしく泳いだり、飛び込んだりしている小さな人間の姿が描かれている。これらの絵は、この地域が水に恵まれていた8000年から1万年前のものと推定される。マイケル・オンダーチェの小説『イギリス人の患者』（1992年）（土屋政雄訳、新潮社、1996年）を原作として、1996年にアンソニー・ミンゲラが制作した映画『イングリッシュ・ペイシェント』では、この洞窟のセットが使われ、実際の洞窟を訪れるツアーを流行させたが、残念ながら、それは岩絵に大きなダメージを与える結果となった。

　さらに南のカラハリ砂漠では、ボツワナ北西部のツォディロ・ヒルズに世界屈指の岩絵密集地がある。10㎢の範囲に4500点以上もの絵が集中しており、そのほとんどはクン族によって描かれ、なかには2万4000年前のものもある。赤い絵の多くが特徴としているのは、幾何学文様や、体の部位が不釣合いに描かれた人間や動物である。家畜を描いた絵の起源は、西暦500年代以降に家畜が導入されたことから、西暦600年から1200年に遡る。サハラの岩絵は約2000年前に制作が止まったが、クン族は19世紀に入ってもなお岩絵を描き続けた。そのため、

第 4 章　　先祖たちの芸術　　│　　91

狩りの場面、タッシリ・ナジェール、2006年。

　人類学者は描き手に話を聞くことができ、絵が描かれるのを見た人もまだ生きていた。実際、彼らの絵には馬に乗る人の姿を描いたものがあるが、馬が初めてこの地へ到来したのは1850年代のことだった。

　発見された当初、クン族の岩絵に描かれているのは狩猟の風景で、獲物を確実に捕らえるため、動物を写実的に描写したものだと解釈されていた。しかし、主にデイヴィッド・ルイス＝ウィリアムズによる研究の結果から、現在はその解釈が修正され、クン族の絵は人間であれ動物であれ、シャーマンの霊的体験や意識変容状態を表すものと理解されている。ルイス＝ウィリアムズとトマス・ドーソンによれば、岩壁の背後には霊界が存在すると信じられており、クン族はそれが岩の「ヴェール」を通して現れるのを見たとされている[3]。

　アフリカン・アンテロープの最大種であるエランドは、クン族の岩絵にもっともよく登場する動物で、ルイス＝ウィリアムズは、描き手がとくに瀕死のエランドに注意を向けていることに気づいた。頭を低くし、目を虚ろに見開き、毛を逆立たせ、

体から汗を垂らし、後脚を交差させ、鼻孔から血を流すといった瀕死のエランドの独特の姿に、描き手は意識を集中させていた。どの絵でもこうした特徴が注意深く描かれており、それはキリスト教徒の画家がキリストの磔刑（たっけい）の像を細部まで慎重に描いたのと似ている。

瀕死のエランドとその尾を握っているらしい男を描いた絵を見て、ルイス＝ウィリアムズはその男がエランドと同じ特徴的な姿を示していることに気づいた。そこで、彼はクン族がエランドをただの食料源としてではなく、霊的パワーの源として崇敬し、それを描いていたという説を展開し、シャーマンはその霊的パワーによってエランドとの半人半獣に姿を変えることができたと考えた。エランドの霊的パワーを得たシャーマンは、病人を癒したり、獲物を狩人のもとへ導いたり、雨を降らせたりすることができた。つまり、瀕死のエランドとその力の転移を賛美したこの絵は、エランドの重要性を認識させ、シャーマンの力を崇（あが）めさせるためのものだった。

こうした強力な霊的要素は、オーストラリアの先住民アボリジニーの芸術にとっても不可欠で、それは砂漠という環境における生命の豊かさや神聖な意味を表現している。アボリジニー芸術が他の先住民芸術と異なるのは、それがさまざまなスタイルや手段において今なお進化し、世界の市場を魅了し続けてい

「泳ぐ人の洞窟」に描かれた泳者の姿、ギルフ・ケビール台地、リビアのサハラ。

るという点だ。

　一方、オーストラリア最古の岩絵として知られるブラッドショーの壁画も、非常に興味深く、また非常に政治的論議を呼ぶものである。オーストラリア北西部、キンバリーの辺鄙（へんぴ）で険しい岩山地帯にあるこの壁画は、すでに記録されたものだけでも、上部旧石器時代氷河期の世界最大の岩絵密集地を形成し、さらに多くの──10万点に及ぶ──画群があると推定されている[4]。ブラッドショーという呼び名は、大規模牧羊地の所有者だったジョゼフとフレデリックのブラッドショー兄弟にちな

「尾羽」や「路面電車の軌道」のような頭飾りをつけた「房」のブラッドショーの岩絵、キンバリー、西オーストラリア。

94　　Desert

瀕死のエランドとその尾を握っている半人半獣を描いた一枚より。ゲーム・パス・シェルター、カンバーグ、ナタール・ドラケンスバーグ、アフリカ。半人半獣の脚はエランドの交差した後脚にならって交差されており、岩棚の下にはエランドの黒い蹄が丁寧に描かれている。

んだもので、彼らは1891年、「赤や黒、茶や黄色、白や水色に色づけされた先住民の線画が描かれた」洞窟を発見した[5]。ジョゼフはすぐに、そこに描かれた人物の「細長い」体や「房形の装飾品」、ワシのような輪郭、古代エジプト芸術との類似点、そしてその明らかな年代の古さに気がついた。1930年代から1960年代にかけて、人類学者たちはこれらの絵の洗練された芸術性や躍動感、独特の衣装や年代の重要性——同じ地域にあるワンジナの岩絵よりはるかに古い——についてさまざまに解説した。ただ、地元のアボリジニーは、このブラッドショーの岩絵と自分たちを切り離して考えた。彼らによれば、その絵はグィオン・グィオンと呼ばれる地元の鳥が描いたもので、嘴（くちばし）で輪郭をつつき出し、みずからの血で絵に特徴的な赤色をつけたという[6]。1970年代、グレアム・ウォルシュという公園警備員がこれらの岩絵に強く魅了され、その記録作業に生涯を捧げ、120万枚のスライドやスチール写真、スケッチ、人物像や筆遣いの詳細な分析記録を残した[7]。

　ウォルシュはブラッドショーの岩絵の人物像をその独特の衣

服によって分類した。ブラッドショーの「房」の人物像は、主に高さ200mmから800mmで、幅広のウエストバンド、足首、肘、腕、胸、頭飾りにそれぞれ房がついており、その凝った細長い頭飾りは片方の肩に垂れたり、後方もしくは上方へ伸びたりしている。一方、「帯」の人物像は、同じような大きさだが、幅広で先端が三つに分かれたサッシュを腰に巻き、頭飾りがより大げさで、てっぺんに一対の羽根がついているものもある[8]。ブラッドショーの岩絵は、その年代を推定するためにさまざまな専門家が招かれ、4000年前から2万1000年前までといった幅のある数字が出されたが、控えめに見積もっても6000年前のものであることは確かだろう[9]。

ウォルシュはブラッドショーの岩絵が独特で、その様式や構図、美的水準、技術、さらには踊る人物の躍動感や生命力、気品、洗練度において、他のどのアボリジニー芸術よりも優れていると主張した[10]。彼は、ブラッドショーの絵を描いたのはアボリジニーよりずっと以前にオーストラリアへ上陸した別の民族集団で、その集団はやがてどこかへ立ち去ったか、その後の移住者の集団に吸収されたのではないかと述べた。この意見は、アボリジニーがオーストラリア大陸の先住民であるとする人びとから激しい反発を受けているが、かつてこの地に、より小柄で肌が浅黒く、高度な芸術性をもった民族がいたという話はアボリジニーの物語にも数多く存在する[11]。

アフリカのバオバブの木（*Adansonia digitata*）とキンバリーのバオバブの木（*Adansonia gregorii*）の種の類似性に関する最近の研究によれば、後者は約6万年から7万年前、ブラッドショーの岩絵を描いた民族によって西オーストラリア沿岸に持ち込まれた可能性がある。実際、バオバブの実や花を描いた像や、30人乗りの船首の高い大型船の絵が見られる。何より明らかなのは、このブラッドショーの岩絵が、他のどの作品よりも当時のアフリカの芸術を連想させるということだ[12]。

伝統的なアボリジニー芸術の形式は地域によって大きく異なるが、そこには常に霊的な意図があり、「聖なる祖先たち」によって定められた宇宙の秩序が反映されていた。ときには100㎡にもわたる地面のモザイク画は、砂漠地帯のもっとも見事でもっとも儚い芸術である。細かく刻んだ葉や茎、花などを獣脂

パプニャのアボリジニーによる地面図が描かれた絵の一部、1971年。

儀式のためにボディー・ペインティングの準備をするピントゥピ族の男たち、西部砂漠、オーストラリア、1984年。

でペレット状に固め、赤土や黄土、白土、あるいは黒い炭で染める。そしてこれを地面に敷き詰め、幾何学的なデザインをつくり出す。その中央には、男根崇拝を象徴する棒が入ると思われる穴がある。こうしたモザイク画は歌や踊りによる神聖な儀式と密接な関係をもっている。それは大地を「開き」、「聖なる祖先たち」の創造力を浮上させ、踊り手たちの体に入り込ませようとするもので、彼らの体には凝った図柄が描かれ、獣脂で羽根や羽毛が貼りつけられている。踊りとともにその羽毛が体から地面へと舞い落ちる様子は、精液と受精力が大地へ返されることの象徴である。黒い皮膚に白い羽毛という見事なコントラストも、「聖なる祖先たち」の神聖なエネルギーを象徴している。こうして踊り手、描き手、歌い手が、ともに大地に英気を養うのである。その過程で必然的に地面のモザイク画は壊されるが、その美しく色づけされたペレットは、西部砂漠の有名なドット・ペインティングに影響を与えた。

　オーストラリア北西部のキンバリー地方には、洞窟の壁に描かれたワンジナの岩絵があり、これは約1500年前のものとされている。高さ7mにもなるその絵には、人間のような姿が描かれており、丸い頭に雨季の稲光を思わせる「光輪」が放射線状に広がっている。単純化された顔には、濃い睫毛に縁取られた、大きく印象的な黒い目があり、しばしばそれが嘴の

ような鼻とつながっているが、口は描かれていない。口があると、そこから水がどっと流れ出し、大地を水浸しにすると信じられているからだ[13]。多くは白を背景に顔の輪郭が赤土で描かれ、ところどころに黒や黄色の模様が入っているため、それは洞窟の暗い壁面から飛び出してくるように見える。ワンジナはwunanという宗教的カルトの拠り所で、これは大地の豊饒や季節、子孫繁栄と結びついていた[14]。この地方のアボリジニーは、ワンジナの像が「聖なる祖先」の権化であり、彼らが洞窟に現れて絵になったと信じている。そのため、新しい像を描くことはできないが、雨を降らせるためには既存の像に手を加えなければならない。というのも、アボリジニー芸術の多くは今も生きた霊的伝統と結びついており、色褪せた岩絵を修正することは、Tjukurpaと呼ばれる「聖なる祖先たちの掟」を守る者にとって義務的な儀式なのである[15]。ただ、岩絵をそのままの状態で保存したいと考える非アボリジニーの純粋主義者たちにとって、それは悩ましい行為でもある。

　ワンジナが静的な像であるのに対し、西アーネム・ランドとカカドゥの岩に描かれたミミの像は「動的なスタイル」で、その棒のような姿はミミが岩の裂け目も通り抜けられるほど細い

ワンジナの岩絵、キンバリー、西オーストラリア、2007年。

ミミの岩絵、アンバンバン・ギャラリー、ノーランジー・ロック、アーネム・ランド、カカドゥ国立公園、ノーザン・テリトリー、2002年。

精霊であることを示している。そこではこの3000年間、西アーネム・ランドの特徴的な動物たちがX線画像のように描かれてきた。その驚くべき技術では、動物の輪郭が複雑な幾何学模様や細かい網状線模様で埋められ、体内の構造や臓器まで描き出されている。また、黄色の脂肪分は、しばしば彼らの食生活でこの栄養素が乏しかったことを示唆している。

　こうした多様なスタイルの伝統芸術は、アクリル画やろうけつ染めといった創作を行なう現代の芸術家たちにインスピレーションを与え続けている。また、アボリジニーの間では伝統的に、生まれやイニシエーションの儀式によって特定の地域と結びついた者たちだけが、その故郷の地図を描く権限をもっていた。このことは現在のオーストラリアの法律でも認められており、故郷を描いた芸術は、アボリジニーの人びとが土地の権利を取り戻す戦いにおいて重要な役割を果たしている[16]。

　南米西岸の650kmにわたって広がる地域に居住していたチンチョロ族は、エジプトより1000年も前の紀元前5050年に精巧なミイラをつくり、世界最古として知られる宗教芸術を生み出した。これらのミイラが現在まで残っていたのは、アタカマ砂漠の極端な乾燥のためだ。また、その製作過程はひどく複雑だった。まず、皮膚を慎重に剝がして取っておき、骨格を棒で補強した。内臓は粘土のもの、肉は葦や海草を束ねたものと取

100　　Desert

り替え、再び皮膚をかぶせ、必要ならアシカの皮膚で継ぎを当てた。次に全身に灰のペーストを塗り、黒い二酸化マンガンで色をつけた。顔の特徴に合わせて慎重につくられた粘土の仮面には、両目と口に小さな切れ込みを入れ、眠っているような印象をもたせ、さらに人毛のかつらが添えられた。完成したミイラは磨き抜かれた彫像のように光っていた。エジプトのミイラが墓に埋葬されたのに対して、こちらのミイラは親族によって家の中で世話され、崇められた。これは故人のあの世への旅を助けるためか、家族の幸せを神に働きかけてもらうためだったと思われる。

紀元前2500年頃、黒いミイラの代わりに赤土で覆われた赤いミイラが出てきたのは、おそらくマンガンが枯渇したためと考えられる。これらのミイラは皮膚を剥がすことなく、より簡単につくられた。内臓や筋肉は粘土や葦、ラマの毛と取り替えられ、その後に黄土が塗り込まれた。赤いミイラは目と口が開いており、眠っているというより起きているような印象を与えたが、目と口は体に再び宿ることを望む魂の入り口を示していた。また、赤いミイラも黒いミイラも、どちらも祭壇に置かれたか、行進に用いられたようだ[17]。スペインの植民地時代のインカ族も同様にそうしていた。今日、宗教行事の行進で運ばれ

チリ北部で発見された、紀元前3000年頃のチンチョロ族のミイラの頭、2008年。

第 4 章　先祖たちの芸術

古代の絹の仏教画。北方世界の守護神である毘沙門天（ヴァイシュラヴァナ）が従者とともに海を渡っている。敦煌の莫高窟（千仏洞）で発見。甘粛省、中国。

る聖母マリアやヒンドゥーの神々の像と同じように、ミイラは称えられ、幸福を祈願されるものだった。エジプトでは精巧なミイラ製作と埋葬が許されたのは王族だけだったが、チンチョロ族では若者や子供、赤ん坊も含めて、すべての社会階級や年齢の人びとに敬意が払われた。ただ、ミイラの製作は紀元前2000年までに終わり、遺体は自然乾燥されて泥層の下に埋められるようになった。

　中国の荒涼とした砂漠地帯にあるオアシス都市の敦煌は、か

つてシルクロードの要衝として栄え、タリムのミイラが示しているように、2000年以上にわたってヨーロッパとアジアの文明を結びつけてきた。それはとくにインドから伝わる仏教の思想や芸術に影響を受けた。4世紀から14世紀にかけて、仏僧たちは瞑想や勤行、経典の解釈のために一連の石窟寺院の建設を監督した。これは古代インドに始まった慣習で、シルクロードを通じて広がった。

　敦煌の南東約25kmにある莫高窟は、大泉河のほとりの断崖に掘られた洞窟群で、アーチ形の天井や壁面に何百という見事な仏教壁画が描かれている。伝説によれば、楽僔という仏僧が西暦366年に啓示を得て、他の放浪の僧たちとともに開削し、1000年後には1000を超す石窟が生まれた。そのうちの約500窟は寺院窟として壁画や彫像、建造物によって飾られ、瞑想の

中国明朝の菩薩の壁画。敦煌の莫高窟で発見され、現在は北京の法海寺にある。

助けに用いられた一方、読み書きのできない中国人に仏教の思想や物語を伝える教育手段としても役立てられた。建設は長い年月に及んだため、その間には侵略や移民、支配者の交替といった変化の波がいくつもあり、そのたびに独自の伝統芸術や文化、日常の生活様式が加わった。石窟の中には、大きな仏陀がウイグルの王子や王女、僧や旅人、さらにはインド人やヨーロッパ人、ペルシア人の像に囲まれた壁画もある。

　こうした芸術のほとんどは仏教という明確なテーマをもっており、風景や建物を背景にスートラの物語が描かれている。菩薩（ぼさつ）はインドの王子として描かれ、アプサラスと呼ばれる天界の水の精を描いた図像も多い一方、儒教や道教、マニ教、ゾロアスター教、ネストリウス派といった他の信仰も織り込まれている。また、日常生活についての興味深い描写もあり、さまざまな人種や肌の色の人びとがともに儀式に参加し、音楽を奏でた

火の槍と手榴弾が描かれた最古の挿絵、敦煌、10世紀。釈迦牟尼（仏陀）がマーラに誘惑される場面が描かれており、右上の悪魔たちは火のついた槍や手榴弾などの武器で脅し、右下の悪魔たちは快楽で誘惑している。

Desert

りする様子を伝えている。これは多文化の相関性、そして今日ではめったに見られない人種的・宗教的寛容があったことを示唆するものだ。壁画には素朴なものもあれば、非常に洗練された宗教芸術もあり、1987年、莫高窟の石窟群はユネスコの世界遺産に登録され、敦煌千仏洞(とんこうせんぶつどう)として知られている[18]。

シルクロードに代わる海上ルートが発展すると、この危険で困難な陸の交通路は衰退し、オアシス都市もほとんど忘れ去られた。わずかに洞窟に残っていた僧たちも、第17窟に大量の写本類が眠っていることには気づかなかった。これは壁画の奥につくられた秘密の洞穴で、蔵経洞(ぞうきょうどう)として知られている。20世紀の偉大な考古学的発見となったこの貴重な資料は、1900年、石窟の院長で守護者を自称する王圓籙(おうえんろく)という道教の僧によって見つけられた。1907年、ハンガリー出身の英国人考古学者で探検家のマーク・オーレル・スタインは、噂を聞きつけて莫高へやって来ると、王圓籙を説得して内部を案内させた。彼は次のように書いている。

> 僧侶が小さなランプを向けると、そのほのかな明かりの中に、分厚い書物の束が約3mの高さにまで何層にも無秩序に積み上げられているのが見えた。(中略)れんがの壁の向こうに隠されて、(中略)これらの書物の塊は何世紀も

中国唐朝の咸通9年(西暦868年)に印刷された「金剛般若経」の一部。日付のついた印刷本として完全な形で現存する最古のもの。

第4章　先祖たちの芸術

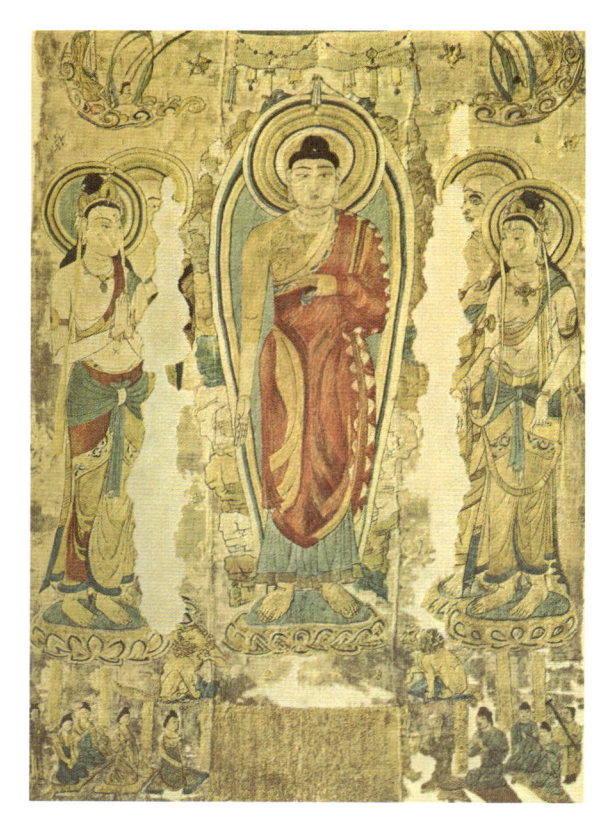

古代の絹の刺繍。弟子や菩薩の間に立つ仏陀が、下方でそれを崇める寄付者たちの姿とともに描かれている。敦煌の莫高窟で発見。

の間、静かに横たわっていたのだった[19]。

　スタインは5万点もの写本をはじめ、絹や紙に描かれた絵や経典、織物など、何世紀にもわたって蓄積されてきた何百という遺物を発見するとともに、サンスクリット語やソグド語、チベット語、ルーン文字＝テュルク語、中国語、ウイグル語など、彼には判別できない言語で書かれた貴重な仏教の書物を見つけた。こうした敦煌の絵から、スタインは「ギリシャ風仏教芸術の影響が遠く極東にまで広がっていた」ことを知り、仏陀を人間の姿に描いたこの新しい美術様式をセリンディアと名づけた[20]。ヘレニズムの影響は仏陀のゆったりとした着衣をはじめ、フリギア帽をかぶった像やローマの四頭立ての二輪馬車、タイタスというローマ人の名を模した画家の銘からも明ら

かだった[21]。中国風の流れるような衣文だけでなく、彼はその穏やかで堂々とした姿や、簡素ながら印象的な仕草、そして古典芸術に特徴的な衣服の優美な襞(ひだ)についても触れている[22]。

　スタインのもっとも貴重な発見は、「金剛般若経(こんごうはんにゃきょう)」だった。中国唐朝の咸通(かんつう)9年（つまり、西暦868年）に印刷されたこの書物は、最初のグーテンベルク聖書の刊行に先立つこと587年、日付のついた完全な印刷本としては世界最古のものである。それは仏陀と弟子の須菩提(スブーティ)によるソクラテス式問答法の形式で書かれており、存在や悟りの本質についての彼のそれまでの先入観が問われている。最後を締めくくるイメージは、人間を洞窟の中の囚人にたとえたプラトンの有名な比喩(ひゆ)を連想させる——「この世の現象はすべて夢、幻、泡、影のようなものである」[23]。

　スタインは王圓籙を説得し、7000点の完全な写本のほか、6000点の絵の断片や箱、刺繍(ししゅう)などの遺物を220ポンドで売らせた——そのお金は他の石窟の修復に使われることになった。現在、この膨大(ぼうだい)な書物のコレクションはロンドンの大英博物館にあり、絵画類はニューデリーの国立博物館と大英博物館に分割して収蔵されている[23]。その後、他の多くの収集家がスタインの後に続き、写本や影像はもちろん、壁画が描かれた壁の石板さえ持ち去った。訪れたジャーナリストや写真家たちは世界中にこの貴重な遺物の詳細を伝え、それが1951年の敦煌文物研究所の設立や、1961年の中国政府による莫高窟の全国重点文物保護単位の認定につながった[25]。

　本章で紹介した伝統芸術の多くは、たとえ現在はそれが判然としなくても、宗教的な目的をもっていた。しかし、砂漠はこうした絵による記録がほとんど、あるいはまったく残されていない宗教も生んだ——主要な一神教である。これについては、オーストラリア先住民の精霊信仰やより新しい時代の砂漠の世俗的崇拝とともに、次の章で取り上げる。

第5章　砂漠の宗教

単一性や荘厳な秩序といった偉大な概念は、常に砂漠で生まれるもののようだ。
（ジョン・スタインベック、『チャーリーとの旅：アメリカを求めて』大前正臣訳）

　世界の偉大な宗教について考えるとき、私たちはしばしば無数の人びとが大聖堂やシナゴーグ、モスクやサン・ピエトロ広場へ押しかけたり、メッカのカアバ神殿を取り囲んだり、大規模な伝道集会に参加したりする光景を思い描く。しかし、ユダヤ教、キリスト教、イスラム教といった世界の三大一神教は、いずれも中東の砂漠で生まれ、物的財産をほとんど持たず、政治的権力もまったくない人びとの間で始まった。たとえこれらの宗教が世界中に広まり、都市化され、富や権力、立派な建築物との関わりが進んでも、砂漠はそのイデオロギーにおいて常に重要な地位を占めている。
　英語の「hermit（隠遁者）」の語源であるギリシャ語のeremosは砂漠を意味し、不毛の地への隠棲を表す「独居」は今なお哲学者や宗教的信奉者の憧れである。世俗の誘惑を逃れて精神的覚醒を求めた旧約聖書の預言者や初期キリスト教の「荒野の教父と教母」たちは、禁欲や清貧、厳格さ、そして19世紀の福音派敬虔主義に特徴的な内省を重んじる姿勢とともに、中世の修道院制度の起源となった。本章では、必要最低限の物質主義に基づく砂漠の生活と、一神教の精神的修行の追求との継続的な結びつきをたどるほか、いくつかの砂漠の土着民による信仰と西洋文化にとってのその魅力を取り上げる。
　初期の時代から、聖書で「荒野」と呼ばれる砂漠は、ユダ

トマス・コール,『エデンの園からの追放』、1828年、油彩、キャンバス。

教とキリスト教に共通する神学理論において曖昧な概念だった。つまり、一方で、砂漠は常に堕罪、アダムとイヴの不服従、そして彼らのエデンの園からの追放（創世記第3章17節〜23節）を思い出させ、神に服従しなければ、アダムにかけられた呪いは永遠のものになるという継続的な警告を暗示してきた——「主はあなたの地の雨を埃とされ、天から砂粒を降らせて、あなたを滅ぼされる」（申命記第28章24節、新共同訳）。そのため、エデンの園とは対照的に、砂漠は恐ろしい場所、罪深い場所を表し、そこでは生き延びられるかどうかもわからない。贖罪の日であるヨーム・キップールでは、レビ記に定められたように（第16章8節、10節、26節）、ユダヤ教の大祭司が象徴として山羊の頭に人びとの罪を負わせ、これを「贖罪の山羊」として荒野に放った。

しかし、もう一方で、砂漠はその肉体的な苦しみから神への依存が生まれること、そして物質的・感覚的に内省を妨げるものがないことから、精神の浄化や覚醒の場として見なされるよ

うにもなった。そのため、世俗的な環境や肉体的な困難を超越することによって精神の覚醒を求める修行者にとって、本来なら有害なはずの砂漠の性質は逆に美点となった。つまり、物質的な満足の欠如は神への集中力を高め、肉体的な過酷さは精神の強さを生み出すというわけだ。そして感覚を刺激するもののない、漠然と広がる隔絶した空間は、魂にとっての訓練の場となり、神の前で自立できるかどうかの力が試される。

　一神教の起源が砂漠にあることについては、神の啓示以外にも、さまざまな説明が示されてきた。広大なモノクロの空の下に広がる砂漠の景色は、統一された世界、唯一の創造主によってつくられた世界を示唆する一方、木々や川、山々が絶えず目に入ってくるような景色は、各物体がそれぞれ別個の精霊によってつくられたとするアニミズムの考え方や、すべては人間が支配する物質の集合体であるとする合理主義の考え方を促す。

　歴史的に、キリスト教とイスラム教はユダヤ教に共通の起源をもち、ユダヤ教はアラビア砂漠に住むセム系遊牧民の宗教として始まった[1]。ヘブライ人（Ibri）は、アラビア半島から移ってきた後、「川と川の間」を意味するメソポタミア（現在のイラク）に定住した何百というセム系民族の一派だった。その歴史の始まりの頃、彼らのような遊牧民には神殿を建てるための手段もなければ、おそらく偶像をつくるだけの職人的技術もなかった。ただ、本質的に、彼らは自分たちを常に見守ってくれる神を必要とし、それは出エジプト記にあるように（第13章21節〜22節）、昼は雲の柱をもって、夜は火の柱をもってイスラエルの民をエジプトからカナンへと導いた存在に象徴されている。雲の柱や火の柱といった現象は、当時、活火山だったシナイ山（現在のシナイ山ではなく、アラビアのホル山）から発したものかもしれない[2]。

　アラブ人と長い年月を過ごした経験から書かれた『知恵の七柱』において、T・E・ローレンスはセム族が砂漠とその伝統によって形作られていると記した。彼がセム族のものと考えた性質の多くは、その宗教的信仰や慣習に関係していると言える。ローレンスによれば、彼らは独断的で運命論的、そして議論を受けつけず、明確で堅個な信念をもち、疑うことを忌み嫌う。

彼らの考え方は、およそ気楽に極端なもののなかで安らう。とくに好んで、至高のものを住まいとする。(中略) 信条は議論ではなく断定であって、説法には預言者を必要とした。(中略) そのうち［預言者］の誰一人として荒野から出てきたものではなく、(中略) 説明のできない、燃えるようなあこがれが彼らを砂漠に追い立てた。そこで彼らは修行の仕上がりはさまざまでも瞑想と肉体遺棄で過ごし、心に浮かんだ明晰なお告げをもって帰り、(中略) このような砂漠の信仰は、村や町では考えられない。それはあまりにも変わっていて、同時に単純で、また外部へ出して一般に用いるにはあまりにも理解しがたい[3]。
(『知恵の七柱 1』柏倉俊三訳、平凡社)

　もっとも古くから続く一神教のユダヤ教は、アラビア砂漠から肥沃な三日月地帯へと移住したセム系民族の間で始まった[4]。遊牧民が次々とこの豊かな土地へやって来ると、定住民とそれを追い払おうとする侵略者との間で部族闘争が繰り返されたが、彼らはどちらも神という伝統的な武器をもっていた。紀元前1800年頃の遊牧民のリーダーで、ユダヤ人の始祖とされる族長のアブラム(後のアブラハム)は、カルデアのウルを出てカナン(大まかには現在のイスラエルに相当)に定住した。ユダヤ教における彼の重要性は、彼とその神ヤハウェ(エホヴァ)との契約に起因しており、彼の子孫によれば、「選民」は神の教えに従う代わりに、その聖なる保護を受けるというものだった。カナンでの深刻な日照りにより、アブラハムの孫息子ヤコブとその息子たちはエジプト北部のゴシェンへ移住した。ヘブライ語聖書によれば、ヤコブの子孫はそこで当初は歓迎されたが、後に奴隷とされ、神の介入によってようやくこれを脱した。以来、このエジプト脱出はユダヤ教の核心、つまり、ユダヤ人が「神の選民」であることを示す証拠として称えられた。

　トーラー(モーセ五書)によれば、預言者モーゼに導かれたイスラエルの民は、約束の地カナンへ到達するまで、40年もシナイ砂漠をさまよっていた。この間に、彼らはシナイ山でヤハウェから十戒を授かり、これによって彼らの特殊なアイデン

ティティーが強められ、この掟を守らない他の砂漠の部族と区別されることになった。十戒の中でもっとも重要とされたのは、唯一神ヤハウェだけを崇拝しなければならないというものだった。砂漠の荒野をさまよっていたこの時期は、民族としての一体感を生み、神を頼りとすることの必要性を心に刻み込むために不可欠だった。そしてその神は「山の精霊と嵐の神、火山の神が組み合わさったものであり、荒野の道しるべ」となった[5]。砂漠で烏に養われていたエリヤの物語（列王記上第 17 章）は、イスラエルの民がこの荒野の旅を生き延びるのに、神から授けられた食物マナに頼ったことを思い起こさせる（出エジプト記第 16 節 14 章〜 24 章）。このように、砂漠は他の部族からの絶え間ない脅威に満ちた恐ろしい場所だった一方で、神の守護や導き、食物と結びついたものでもあった。こうした流浪の民には、かつてカナンに定住していたときのような私有財産や贅沢品はほとんどないか、まったくなかった。そんな彼らが物質的に豊かになり、神を蔑ろにするようになったとき、ヤハウェの名においてイスラエルの民の道徳的堕落に抗議したのが、荒野のふたりの男だった——紀元前 9 世紀の預言者エリヤと紀元前 8 世紀の預言者アモス（列王記下第 1 章、アモス書第 1 章）。20 世紀初めの英国の探検家ガートルード・ベルは、このイスラエルの砂漠の荒涼たる様子とその預言的な力についてこう書いている。

> それでいてなお、「ユダヤの荒ら野」は人の燃える心を育む乳母であり続けたのだ。ここから、いかめしい預言者たちが現れ出ては、彼らと縁もなければ気心も通じない世間を、破滅の道を歩んでいると脅かしたのである。谷あいに無数にある洞窟には彼らが隠れ住んでいた。いや、今にいたるも、食べものもろくにとらない痩せこけた苦行者の一群が棲みついているところがあって、普通の常識で一蹴するわけにもいかない信仰の伝統を固く守っている[6]
> （『シリア縦断紀行1』田隅恒生訳、平凡社）。

旧約聖書の預言者たちは荒野を出るだけでなく、抵抗する支配者や逸脱した人びとと向き合うため、定期的にそこへ戻って

死海文書が発見された
クムランの洞窟、ヨル
ダン川西岸、中東。

　心の羅針盤をリセットした。砂漠での修行は、預言者にとって
ほとんど義務的な必須条件となった。それは断食や祈りが、イ
スラエルの民が荒野をさまよっていた時期を思い出させる象徴
だったのと同じである。
　紀元前2世紀、エッセネ派として知られるユダヤ教の一派が、
禁欲や自発的窮乏（きゅうぼう）、徹底した清浄、厳しい食事規定、そして
世俗の快楽の節制といった生活を追求するため、エルサレムか
ら砂漠（おそらくクムラン）へ移った。洗礼者ヨハネがエッセ
ネ派であったことはほぼ間違いなく、イエスもこの一派の出身
だったのではないかと考えられている。ただ、もしそうだとし
ても、彼は断食や義務的な清めの儀式といったこの厳しい管理

体制から離れた[7]。

　エッセネ派やパリサイ派のような少数派を除けば、ユダヤ教が規定の5日間の断食以外に禁欲主義や節制を信奉したことはない[8]。実際、旧約聖書の大半を通して、富や物的財産は神の承認と恩恵の表れとして解釈され、現代のユダヤの教えにおいても、富は望ましいユダヤの家庭や子供の教育、そして寛大な心を地域社会や貧しい人びとに提供するための必要な手段として尊重されている。高名なユダヤ教のラビの中には禁欲主義を罪として非難する人さえいる[9]。こうした砂漠の遺産を今に伝えているのが「仮庵の祭り」で、これは空が見える枝葺きの屋根のついた「仮庵」（sekhakh）を建てることにより、エジプト脱出後、ユダヤ人が荒野で天幕生活を送った40年間を家族で記念するものである[10]。

　少なくとも理論上、砂漠の価値観ともいうべきものがより持続的に信奉されているのはキリスト教である。そこでは無私や質素、清貧が、たとえ断続的であれ、好ましい心のあり方として繰り返し支持されてきた。そもそもイエスとその弟子たちはユダヤ人として育ち、とくに一神論や預言者たちの道徳的メッセージに関して、初期のキリスト教はユダヤの信仰から生まれた。伝道を始める前、イエスは「『霊』に導かれて荒れ野に行かれ」（「マタイによる福音書」新共同訳、日本聖書協会）、砂漠でひとり、40日間にわたって昼も夜も断食したと記されているが、これはモーゼやエリヤが荒野で断食したことに関連している。肉体的に弱っても精神的に強くなったイエスは、その空腹を満たすために石をパンに変えるといった奇跡を行なったり、離れ業を演じたりし、また世俗的な権力や名声を求めさせようとする誘惑に負けなかった——これらはどれも禁欲と質素を重んじる砂漠の生き方に反するものだった（マタイによる福音書第4章1節〜11節、マルコによる福音書第1章12節〜13節、ルカによる福音書第4章1節〜13節）。

　西暦1世紀のキリスト教徒には、荒野で自発的窮乏や節制を経験する暇は少しもなかった。しばしば迫害や処刑の危機にさらされた彼らは、砂漠で修養を積むよりも、ローマ帝国の都市部に教会を建てることに集中していたからだ。しかし、皇帝コンスタンティヌス一世がキリスト教を公認した西暦313年

以降、キリスト教徒であることに身体の危険はなくなった。あるのは安楽を得ることによる精神の危険だけだった。もはや殉教者に与えられる栄誉は容易に手に入らなくなったが、荒野で精神の浄化を追求するという選択肢は残っていた。

　こうした状況のなか、エジプトの聖アントニウスは西暦270年から271年にダイル・アル＝マイムン（Dayr al-Maymun）に隠遁所を建て、これはキリスト教の修行者が砂漠へ移り、独居と禁欲、犠牲を旨とする共同体を形成する動きの始まりとなった。性的禁欲をはじめとする自制や断食、祈りは、砂漠の生活が与えてくれる貴重な財産だった。聖ヒエロニムスはこう断言したという――「私にとって町は牢獄であり、砂漠の孤独こそ楽園である」[11]。西暦1世紀のエジプトやシリアでは、砂漠での禁欲生活が「荒野の教父と教母」たちと、彼らに助言を求めようとしてその地に押し寄せる人びとに強く支持されたのだが、それによって砂漠は事実上の「都市」に変わることになり[12]、元来の静修者を悩ませた。地理学者のイーフー・トゥアンによれば、「自分のために孤独を求めた砂漠の隠遁者や初期の教父たちの間には、ちょっとした人間嫌い以上のもの」があったようだ[13]。彼らは永遠の存在についての瞑想を促す砂漠の圧倒的な広がりが、人間によって乱されることに憤慨した。

　こうした背景から、「砂漠」の概念はしばしば地理的なものではなく、知覚的なものとして解釈され、極端な物理的孤立というより、むしろ近隣の町からの自発的亡命を伴った。これはジョヴァンニ・ベリーニの『荒野で本を読む聖ヒエロニムス（St Jerome in the Desert）』にも表れており、その構図では近くの町に優雅なイタリア風の塔が立っている。

　砂漠の宗教的な重要性は、瞑想によって神への超自然的な畏怖の念を呼び起こせるところにあった。ドイツのルター派神学者ルドルフ・オットーは、その代表作『聖なるもの』（1917年）において、この超自然的な体験をヌミノースと呼び、それを戦慄と魅惑の両方を伴う神秘と定義した[14]。砂漠に対する主な三つの反応――その広大さへの畏敬、その過酷さへの恐怖、その野性への興味――は、そのまま mysterium（神秘）、tremendum（戦慄）、fasinans（魅惑）といった特徴と一致する。果てしない空虚な広がりは、「崇高なもの」がその空間に置き

聖アントニウス修道院の敷地内、コマ、エジプト、2006年。

換えられていることを表す。そしてこの圧倒的な広がりは、やがて無限の感覚——永遠性——を呼び起こす。多くの人びとがこの時間と空間の融合するような体験を、強烈で、幻想的で、まさに意識が飛ぶようなものとして感じるのは、それが合理的なものを超越しているからである。

　文字通りの意味で砂漠に住むことが現実的でなくなっても、「荒野の教父と教母」たちの言葉は、彼らの清貧、貞潔、服従、断食、祈りといった共同体のルールとともに、修道院生活の基礎となり、砂漠の窮乏は象徴として再現された。クエーカー教

（左）ジョヴァンニ・ベリーニ、『荒野で本を読む聖ヒエロニムス』、1480年頃、油彩、キャンバス。
（右）聖ピエール・ル・ジュヌ教会の前のシャルル・ド・フーコーの像、ストラスブール、2009年。

やアーミッシュが簡素な生活を実践したり、プロテスタントの敬虔派が内面的信仰を深めたりするのは、物質主義による心の乱れや誘惑を断つためのものだった。13世紀のドイツの神秘主義者マイスター・エックハルトはこう説いている——人は「神性の砂漠」を見つけるために、「自我とこの世界の物事に関するかぎり、砂漠のようである」べきだ[15]。

　19世紀のヨーロッパにおける宗教復興は、偶然にもガイド付き観光旅行の増大と一致して（トマス・クックは1841年に最初の商業的観光事業を始めた）、聖地の砂漠に対する人びとの関心を高めた。それは聖書を解説してくれる生きた博物館としても、物理的な旅の目的地としても人気を集め、イエスやその弟子たちが歩いた場所に実際に触れることで、当時の科学や歴史に関する破壊的な主張に心乱されることなく、純粋な信仰心がよみがえり、強まると期待された[16]。1870年代までには、パレスティナ行きのパックツアーが企画され[17]、常時1000人

以上のヨーロッパ人がそこで野宿し、砂漠の宗教的な「空気」を吸い込んでいた。

　砂漠での神秘的な体験に魅了される動きは、現代まで続いている。20世紀初め、フランスの騎兵隊の将校だったシャルル・ド・フーコーは、カトリックに改宗した。トラピスト会修道士から司祭となった彼は、アルジェリア南部でトゥアレグ族とともにサハラで暮らし、彼らの言語の辞書を編纂（へんさん）するという任務を引き受けた。1916年、彼はサハラでのフランス軍駐留に反発したベドウィンの過激派によって射殺されたが、宗教組織を立ち上げるという彼の遺志は、1933年、フランス領アルジェリアに「イエスの小さい兄弟会（Little Brothers of Jesus）」が設立されたことによって果たされた。若いフランス人聖職者の一団が、イスラム巡礼の中心地に近いエル・アビオドのオアシスに修道院を建てた。

　7世紀初めにイスラム教が生まれる以前、アラビアの砂漠の部族たちは多神教と星の神々への崇拝、さらにユダヤ教やキリスト教からの影響が混ざり合ったものを信奉していた[18]。彼らは遊牧という生活様式から発展した価値観を守り、名誉や部族長への忠誠、勇気、もてなしの心、そして寛大さを重んじた。これを変化させ、代わりに厳格なイデオロギーをもたらしたのがムハンマドで、彼は隊商交易で働く貧しい男だったが、やがて元雇い主の裕福な寡婦（かふ）ハディージャと結婚した。ムハンマドは、しばしばメッカの近くの丘で、ひとり静かに瞑想するような内省的な人物だった。あるとき、彼は自分が大天使ガブリエルによって「神の使い」に宣せられたことを確信した。「預言者」として知られるようになった彼は定期的に啓示を受け、それは後に記憶から口述筆記された。これらは最終的にコーランとしてまとめられ、イスラム教徒によって、先のユダヤ教とキリスト教の啓示を完成させたもの、そして神からの直接の最後の言葉として信じられている。イスラムの第一の原理は、アッラーを唯一絶対の神と信じ、その意志に従うことである[19]。

　当初はその教えに反発を受けたものの、ムハンマドは結果的にその地域でもっとも有力な軍事的・宗教的人物となった。近隣のさまざまな砂漠の部族たちから12人の妻を娶（めと）ることにより、彼は西暦632年に亡くなるまでに、アラブの大半をイスラ

ム教の下に統一した。

　イスラムとその砂漠の起源との密接な結びつきは、ハッジを通して思い起こされる。これは肉体的・経済的にそうすることが可能なら、すべてのイスラム教徒が一生に一度は行なうべきとされているメッカへの巡礼である。巡礼者はアル＝ハラーム・モスクの中庭にあるカアバ神殿の周りを7回歩く。イスラム教の5本目の柱であるハッジで重要とされるのは、必死に水を探したハガルを記念することだ。アブラハムは、最初の妻サラの求めにより、2番目の妻ハガルとその子イシュマエルを、ほんのわずかな食料と水とともに砂漠に捨てた。これらが尽きると、ハガルは息子を地面に寝かせ、イスラムの伝承によれば、半狂乱になって水を探し、サファーとマルワの丘の間を7回走った。彼女が助けを求めて祈りを捧げると、神は泉を出現させた——この湧き水はザムザムの泉として今も流れている。ハッジの一部として、巡礼者はこのふたつの丘の間を7回走り、その泉の水を飲む。これは彼らの起源が砂漠にあること、そして生き延びるために神に頼ることを象徴するものである。

　現在、イスラム教徒はイスラム教成立以前の時代を「無知の時代」と考えているが、彼らは今なお当時の砂漠の遊牧民の価値観を崇敬している。ただ、そのことはイスラム教を世界中に広めるという伝道の熱意によって覆い隠されている。イスラムによる征服が始まった7世紀以来、北アフリカのほぼすべての砂漠の遊牧民は表向きにはイスラム教徒だが、イスラム教成立以前の砂漠で生まれた迷信の要素は今も残っている。kel esufと呼ばれる砂漠の風の精霊は、無用心に眠っている者を襲う邪悪な悪魔として恐れられている[20]。先に紹介したように、トゥアレグの男たちが今もヴェールでしっかりと顔を覆っているのは、猛烈な砂嵐だけでなく、邪悪なジンを寄せつけないためでもある。

　砂漠に住む北米先住民もまた一神教徒で、ひとつの「精霊」が万物を創造したと信じている。つまり、この世の生き物と大地はひとつの家族として結びついており、それぞれに精霊が宿っている。ナヴァホ族、アパッチ族、モハーヴェ族にとって、こうした信仰は自然と調和して生きるという責任を生んだ。宗教的儀式を執りおこなうシャーマンは、夢や幻覚を通して魔法

第　5　章　　砂　漠　の　宗　教

の力を与えられ、薬草や清めの儀式によって人びとを癒せると信じられている。実際、アパッチ族の宗教は「敬虔なシャーマニズム」と表現されている[21]。メキシコで始まり、チワワ族から他の北米先住民へと広まったペヨーテ教は、アルカロイドを含むペヨーテというサボテンの向精神作用に基づくもので、幻覚をはじめ、忍耐による妙技、ファイアー・ダンス、喫煙の儀式、トランス状態の共有といった神秘的・魔術的な儀式が一部の西洋人を魅了してきた。しかし、北米先住民にとって、個人の精神性や共同体の儀式を厳しく規定した慣習に従うことは、任意ではなく、義務であり、これは砂漠という過酷な環境を生き抜くための要件と直結している。

アル＝ワシティ、『メッカへの巡礼団』、バグダッドでつくられた13世紀の本の挿絵。

オーストラリア先住民、アボリジニーの「夢の時代」（アランダ語のulchurringaの訳語で、「夢見ること」を意味するaltjerriに由来[22]）は、もっとも古くから続く神聖な伝承である。「夢の時代」で重要なのは、アボリジニーの人びとと「故郷」との深い絆である。この信仰は大陸全土に存在するが、それがもっとも顕著なのは、非先住民の目には不毛の地にしか見えない砂漠地帯である。アボリジニーの価値観や信念体系の基本となっているのは、次の三つの存在の密接な結びつきである——みずからが住む大地を創造し、育み続ける「聖なる祖先たち」の精霊、人間をはじめ、彼らが創造したすべての生物、そしてそれを支え、生きている大地。この三つの要素の中で、大地は肉体的なものと霊的なもの、一時的なものと永遠のものとを結ぶ要の役割を果たしている。というのも、大地は超自然的な存在と生き物の両方が住む場所として、どちらの領域にも関わっているからである。

いくつかの独特の考え方はこうした価値観に由来している。第一に、アボリジニーには創世記の堕罪の物語に相当するような、自然の恩寵を失うという物語はなく、彼らはみずからを自然と不可分の存在と考えている。第二に、起源についての多くの宗教的神話と異なり、アボリジニーの創造物語ではその創造

メッカのグランド・モスク、マスジド・アル＝ハラームのカアバ神殿、ハッジの始まりの頃、2008年。

主が遠い天国ではなく、大地そのものの中にある。「夢の時代」は遠い昔とそこから連綿と続く現在の両方を表す概念であり、創造の精霊たちが大地から現れた場所は、超自然的存在の命と力を与えられた最初の聖地となった[23]。大地を横切るその壮大な旅において、こうした「先祖の精霊たち」は自身の存在を地形の中に組み入れた。実際、ふたりの姉妹の精霊が、大地を這いながら、曲がりくねった川床に刻み込まれたと信じられている[24]。

創造を終えた後、「先祖の精霊たち」は再び地中へ戻るか、あるいは自身を自然の姿——岩や木、水溜り、浅い粘土の窪地、斜面など——に変えた。それらは精霊たちが特別な偉業をなした場所とともに、超自然的な力の永続的根源として崇められている。中央オーストラリアのアランダ族との生涯にわたる経験から、人類学者のT・G・H・ストリーロはこう書いている。

> アランダ語が話されている地域を構成する何千平方マイルもの土地には、目立った特色はひとつもなかった。それは多くの聖なる神話に出てくるエピソードに関連したものでもなく、先住民の宗教的思想が表現された、多くの聖なる歌の詩に関連したものでもなかった[25]。

こうした場所は、その地域の人びとにしかわからない霊的な力の輪によって囲まれており[26]、彼らと大地の精霊との関係は創造物語と関連した行動規範に表れている。

これらの地形は、「聖なる祖先たち」によって定められ、代々守り継がれてきた「掟」を思い出させる目印である。ユダヤの律法と同じく、アボリジニーの「掟」(tjukurpa)は、宗教的儀式を行ない、作法に従い、特定の年齢や性別の者たちに禁じられた場所や景色の忌避区域を見張るといった義務を含む契約なのである[27]。とりわけ、それには物理的な形で（「水溜り」を清潔に保ったり、定期的に一部の茂みを燃やしたりすること）、あるいは霊的な形で（大地の肥沃さを回復し、そこに宿る「先祖の精霊たち」を称える適切な儀式を行なうこと）、大地を慈しむ責任が伴う。そして大地はその見返りとして、物理的な形のみならず、霊的な形においても彼らを育み、部族の歴

史を語る歌や踊りを通して、大地との結びつきによる霊的アイデンティティーを思い出させる。

　アボリジニーの人びとにとって、精霊の世界と物理的な世界は常に通じ合うものとして共存している[28]。物理的な世界は単なる一時的、偶発的なものではない。そこには「私とあなた」の結びつきを求める無限の広がりがあり、これは生命をもたない物体に対する「私とそれ」という結びつきとは異なる。後者の姿勢は18世紀の啓蒙主義以来、西洋の思想を特徴づけてきたもので、ただ物理的世界を観察し、測定し、利用するだけにすぎない。つまり、アボリジニーの人びとにとって砂漠は荒野ではなく、霊的な意味や豊かさが刻み込まれた場所なのであり、それは入植者たちの実利的・搾取(さくしゅ)的な目には映らない。アボリジニーの詩人ジャック・デイヴィスはこう書いている。

　　ある者たちはそれを砂漠と呼ぶ
　　しかし、それは命に満ちている
　　鼓動している命
　　もしそれがどこで見つかるかを知っているとすれば
　　私が愛する大地の中だ[29]

　20世紀のオーストラリアでは、アボリジニーの精神性に新たな関心と尊敬が高まった。とくに中央部の砂漠に関して、それは欧米の物質主義とキリスト教の正統信仰に代わるヴィジョンをもたらし、砂漠を霊的存在の場として考察する、さまざまな詩や小説に影響を与えた。詩人のレックス・インガメルズは、「ウルル、エアーズ・ロックへのアポストロフィ（Ulru, An Apostrophe to Ayers Rock）」において、この岩にアボリジニーの呼び名を最初に用いた白人のオーストラリア人のひとりとして、砂漠のアイコン「鷲のウルル」がもつ力を称えた。

　　「壁画の洞窟」のひとつから歩み出たとき
　　私は自分が永遠にあなたの一部であることを知った
　　黄土や炭やパイク白土によって
　　黄土や炭やパイク白土の発する霊体によって
　　無限の存在の色あざやかな暗闇へと呼び起こされる──

第 5 章　砂 漠 の 宗 教

昨日も、今日も、それからもずっと
　　ウルルよ、あなたの心の「夢の時代」は永遠に [30]

　アボリジニーの思想は、1980年代まで、ほとんどの白人のオーストラリア人から、あまりにも原始的で誤ったアニミズム以上のものとしては受け入れられてこなかった。だが最近では、それは西洋文化が物質主義の追求によって失ったとされる永遠の霊的価値観を守るものとして理想化されている。こうした信仰は『美しき冒険旅行』（1971年、日本公開1972年）のような映画や音楽、文学を通して大衆文化に浸透し、1980年代までに、オーストラリア人はそれがこの大陸の核として、古代の超越的な砂漠の姿を伝える源であることに気づき始めた。

　一方で、アボリジニー文化に対するこうした評価の高まりは、比較的新しい白人入植者の歴史にはない魅力的な商品——すなわち、古代性や環境保護主義——を、ただ横取りしようとするものだと批判されている。『聖なるものの果て（Edge of the Sacred）』（1995年）において、デイヴィッド・テーシーは、アボリジニーに聖なるものへの責任を負わせることは名誉の印のように思えるかもしれないが、実際問題として、それは既存の人種差別的支配を永続させることにほかならないと指摘している。それは白人のオーストラリア人を精神的な意味で無力化する一方、彼らを都合よく多くの責任から免除するものであり、同時にアボリジニーを世俗的な地位や物質的な富から排除し、それによって彼らを社会経済的に支配される立場に置いておこうとするものである。「その亀裂は、好都合だが致命的でもある」[31]。

第 6 章　旅行家と探検家たち

どんな人間も、いったんこの［遊牧の］生活を知れば、何の変化もなく離れることはできない。（中略）その人は戻りたいという切なる思いを心の中に抱くだろう。（中略）というのも、この過酷な土地は、どんな温和な気候もかなわない魔法をかけることができるからだ。
（ウィルフレッド・セシジャー、『アラビアの砂漠（*Arabian Sands*）』）

　砂漠は、わずかに残った辺境の地を象徴するものであり、その冒険を象徴するものである。たとえ何世紀も前から土着の遊牧民がそこを横断していたとしても、砂漠は今なお都会の旅人たちに、肉体的に厳しい困難と、おそらく人生を変えるような体験を提供している。砂漠を旅する人びとの直接の動機は、冒険心や好奇心、科学的発見、伝道の熱意、あるいは何か個人的な目標を達成したいという願望かもしれない。しかし、その外面的な目的が何であれ、孤独という試練に立ち向かおうとする人びとは、同時に自己発見という内面的な旅にも乗り出している。
　砂漠で周囲の環境をコントロールできなくなった彼らは、知覚と自己認識における大きな変化を経験し、魂を解放し、みずからの強さや弱さを知ることになるかもしれない。そうした旅人たちは、スリルというスパイスを効かせたエキゾチックな物語や、命を危険にさらしてでも長く困難な旅へ出ようとする動機によって、私たちの興味をかき立てる。
　同じ旅人でも、単なる旅行者なら誰にも義理はないが、探険家は他者、しばしば影響力のある他者の期待を背負っている。

だが、国威を高めるとか、経済資源を併合するとか、あるいは科学的知識を広めるといった公の目的の裏に、探検家はいつも個人的な意図をもっている——自尊心を高めたい、英雄になりたい、名声を得たい、あるいはどこか地理的に特別な場所へ最初に到達したいなど。こうした理由から、探検家たちが残した記録の数々は、その発見がより高度な技術に取って代わられた後も、私たちの関心をずっと失わずにいる。

多くの場合、砂漠の探検家は「英雄的失敗」の象徴である。つまり、彼らはめったに目的地に到達せず、たとえ到達しても、その状況は彼らの偉業を損なうものであったりする——南極点初到達に挑戦したロバート・ファルコン・スコットが、たった33日の差でロアール・アムンゼンに先を越されたことは有名な話だ。目的を達成できなかった探検家たちは、とくにその挑戦で命を落とした場合、目的を達成できた探検家たちよりも人びとに高く評価される。読者もまた、克服しがたい困難に立ち向かう彼らに共感し、その悲劇的な結末ゆえに、彼らをより英雄のように思うのではないだろうか。

本章では、四つの砂漠地帯——中東、中央アジア、オーストラリア、南極大陸——を旅した多くの旅行家や探検家について取り上げる。これらの砂漠はそれぞれ性質が大きく異なるが、そこを目指した人間の動機や心理的反応には多くの共通点があった。

中東の砂漠

何世紀にもわたって、東洋文明と西洋文明の間に横たわるこの地域は、明確な目的をもつ旅人たちを魅了してきた。彼らがそこへ引き寄せられるのは、宗教的巡礼や好奇心、軍事的陰謀、個人的挑戦、あるいは孤独への願望によってであり、それらはいずれも砂漠の一般的イメージの構築に貢献してきた。

初期に書かれた旅行記のひとつが、モロッコの探検家イブン・バットゥータ（1304年～1368年もしくは1369年）によるもので、彼は青年時代にメッカとその先を目指して旅に出た。彼の旅は30年以上にも及んだ。主として2万人もの旅行者からなる巡礼団——「その数の多さは、激しい波が海を揺らすように大地を揺らした」[1]——とともに旅した彼は、常にイスラム

やアラブの言語・習慣という慣れ親しんだ文化の繭の中にいた。モロッコへの帰途、イブン・バットゥータはサハラ北端にあるベルベル人の交易拠点シジルマサへと旅し、さらにラクダの隊商によってタガザへ旅した。そこは現在のマリにあった塩鉱で、大量の塩の塊が採掘されて、豊かなマリの都へと運ばれた。彼は塩がその重さに応じて金と交換され、市場によってはその何倍もの価値で売られていることを知って驚いた[2]。彼の旅の思い出は、リフラ（Rihla）として知られる『大旅行記』にまとめられたが、それは19世紀にフランスの学者たちによって翻訳されるまで、イスラム圏外では知られずにいた。

　近代に入って最初に中東を探検した西洋人は、スイスの旅行家で東洋学者のヨハン・ルートヴィヒ・ブルクハルトだった。アラビア語とコーランを学んだ彼は、イスラム教徒を装ってシリアに居を定め、現在のヨルダンへと探検に出かけた。1812年、彼はナバテア人の都で、千年にわたって「発見されず」にいた古代都市ペトラに遭遇した。ジョン・ウィリアム・バーゴンがその詩「ペトラ」（1845年）において、「時の半分ほども古い薔薇色の都」と表現したように、この2000年前の遺跡は切り立った砂岩の岩壁を掘ってつくられており、シークと呼ばれる峡谷を通ってしか近づくことができない。この都市でもっとも重要な建造物は、西暦363年の地震とそれに続く略奪行為に耐えたエル・カズネ（宝物殿）とエド・ディル（修道院）だが、紀元前1世紀頃からスパイス交易の拠点として栄えたこの都には、王家の墓や円形劇場も残っている[3]。

　ブルクハルトの旅行記は英国に伝えられ、芸術家や考古学者、より最近では映画制作者の関心を引いた。その後、彼は貧しいシリアの商人を装ってメッカへの危険な巡礼の旅を行ない、さらにメディナを訪れた。大胆不敵な彼の偉業に負けまいと、英国では変装する旅行家が増え、とくに有名なのが1853年にメッカ巡礼を行なったリチャード・バートン卿と、1876年に同じく巡礼を行なったチャールズ・ダウティーである[4]。ダウティーの著書で、現在のサウジアラビアでの二年間の旅を記した1200ページに及ぶ大作『アラビア砂漠の旅（Travels in Arabia Deserta）』（1888年）は、欽定訳聖書の文体とアラビア語の語形変化やリズムをラテン語の構造に組み込んだ、独特

エル・カズネ（宝物殿）の正面、ペトラ、ヨルダン、2010年。

かつ複雑なスタイルで書かれている。彼の物語はこう始まっている。

> 新たな夜明けが訪れても、私たちはまだ動かなかった。日が昇ると、テントが解体され、ラクダが一行のもとへ連れてこられ、荷物のそばに待機した。私たちはその年の巡礼の始まりを告げる大砲が撃たれるのを待った[5]。

ダウティーの旅行記は、当時はあまり関心を集めなかったが、T・E・ローレンスがその1921年版に序文を書いたときは一時的な人気を得た。

20世紀初め、新しい世代の旅行家たちは、中東を古代の遺跡としてではなく、軍事戦略的に重要な当代の文化として見直し始めた。この過程で傑出していたのが、裕福な家庭に育ったふたりの英国人女性、ガートルード・ベルとフレヤ・スタークで、どちらもアラブ人の召使いを除いて、ひとりで旅した。彼女たちの得た知識やアラブの族長たちとの接触は、英国の外交

政策の展開において重視され、大戦中、ふたりは英国情報省の仕事に従事した。どちらも王立地理学協会から高く評価され（ベルはその金メダルを受賞）、多作で表現力豊かな作家だった。彼女たちの旅行記には、中東の歴史や政治のほか、砂漠の地形やベドウィンの文化に関する生き生きとした描写も含まれていた。

　大英勲章第三位を授与されたガートルード・マーガレット・ロージアン・ベル（1868年～1926年）は、作家、歴史家、考古学者であるばかりか、外国語に通じ（彼女はフランス語、ドイツ語、イタリア語のほか、アラビア語、ペルシア語、トルコ語に堪能だった）、行政官や政治顧問も務めた。彼女はその優れた知性と行動力、そしてパレスティナやシリア、アラビアの地図に載っていない砂漠地帯を冒険したいという強い情熱を存分に発揮した。これらはそれまでごく一部の西洋人しか訪れたことがない地域で、ヨーロッパの女性が足を踏み入れるのは初めてという場所がほとんどだった[6]。「さながらベドウィンのように男性用の鞍にまたがり、頭巾とコートとキュロットに身をかためたガートルードは、（中略）火山岩がころがる不毛のハウラン平野に馬を進めて、ドルーズの領土の山をめざした」（ジャネット・ウォラック『砂漠の女王：イラク建国の母ガートルード・ベルの生涯』内田優香訳、ソニーマガジンズ）――ドルーズとはエル・ドルーズの山岳地帯に暮らす、孤立した好戦的部族のことである[7]。

　砂漠の過酷な環境と、通行の安全を得るために交戦中の部族と同盟を結ばなければならないという二重の危険にさらされて、ベルは「女性は自分を上手に偽装するなどということはとてもできないから（中略）他人が侵すことができないしきたりをもつ、立派な家系の生まれということで彼女が知られることは、彼女にとっては相手の顧慮を促す最善の権利となる」（『シリア縦断紀行1』田隅恒生訳）と信じた[8]。そこで、彼女は自分を身分の高い女性、「北イングランドの最高部族長」の娘として紹介した[9]。実際、彼女の荷物には、陶器のティーセットにクリスタルのグラスや銀器、族長との晩餐に着るイヴニングドレスや絹、レースが含まれていたほか、カメラと銃、そして靴には銃弾が隠されていた[10]。ベルはいかにも女性的であった

にもかかわらず、政治や世界情勢について議論する際、ベドウィンの族長たちから対等な立場として扱われた[11]。

部族の序列や、絶え間ない襲撃とその反撃については中立的な立場を取りつつも、ベルはアラビア砂漠の空虚な広がりに魅了された。彼女は自由の身となった囚人のように、その砂漠に解放感を覚えた。

> 囲いをめぐらせた庭園の門は開き放たれ、聖所の入口に張られていた鎖も引きおろされている。左右に気を配りつつ足を踏み出すと、ご覧、はてしもない世界が拡がっている。それは冒険と新しい試みの世界であり、（中略）どの丘陵のくぼみにも答えのない疑問、解きがたい疑念がひそんでいるところである[12]。
> （『シリア縦断紀行1』田隅恒生訳）

砂漠の旅人たちの多くに共感を得た日記の一ページに、彼女はこう書いている。

> この地を旅して、何事もなく戻れる人はいなんじゃないかしら。ほんとうのところはわからないけれど、まず間違いないわ（中略）寂しい地ではあるけれど、その空虚なさまは美しいわ——空虚だから美しいのかしら？[13]
> （『砂漠の女王：イラク建国の母ガートルード・ベルの生涯』内田優香訳）

その地域に関する知識と部族のリーダーたちとの人間関係を通して、ベルは近代国家イラクの建国につながる出来事で非常に重要な役割を果たした。

一方、ベルと同時代のフレヤ・スターク（1893年〜1993年）の記録によれば、彼女が中東に魅力を感じ始めたのは、『千夜一夜物語』の本をもらった九歳の誕生日だった。だが、アラビア語を学び、西洋人が一度も足を踏み入れたことのない地域も含めて、実際にイラン西部の荒野を旅したのは彼女が30歳を過ぎてからだった。優れた地図製作者だった彼女は、エルブルズ山脈、ザグロス山脈、そしてアサシン派の谷といった

ジェベル・トゥワイクの断崖を西から見た光景。地平線のちょうど向こうにリヤドがある、2006年。これはアラビア中央部からルブ・アルハーリ砂漠（「空虚な一角」）北部にかけての地域で、ガートルード・ベルはここを旅してドルーズ派と出会った。

イランの辺境を地図に表した。著書『アラビアの南の門（The Southern Gates of Arabia）』（1936年）にあるように、スタークは、危険なハドラマウト山地（現在のイエメンの一部）の砂漠を旅した最初の西洋人女性のひとりだった。

　あらゆる能力に恵まれたスタークは、放浪の旅人、社交界の花形、公僕、作家、地図製作者、そして神話物語作者として、多面的な活躍を見せた。ベルと違って、彼女はその著作で女性にかなりのページを割き、族長の政策決定にハーレムの女たちがいかに大きな影響力をもっているかを述べた。彼女の著書の多くは人間について書かれたものだが、ハドラマウトの高原についての次の説明のように、地形に関する注目すべき描写も含まれている。

　　水の流れや風が働いて、平面はどちら側も浸食に脅かされている。深い渓谷がハジュルへと流れ込み、浸食にさらされた巨大な扇状地に広がっている。ここには日陰にある石灰岩の水溜りを除いて、まったく水がない。（中略）左右に（中略）無人の谷が傾斜している[14]。

　ベルやスタークと同時代の人物で、彼女たちより有名になっ

たのがトマス・エドワード・ローレンス（1888年～1935年）で、彼はトルコの支配に対するアラブ反乱の指導者たちと手を組んだ英国陸軍の将校だった。それまでシリア北部で考古学の研究を行なっていたローレンスは、1914年に英国政府の依頼を受け、考古学の仕事に隠れてネゲヴ砂漠の軍事的調査を行なうことになった。それはオスマン帝国軍がエジプトを攻撃するために、この地域を通る必要があると考えられたからだった。

　英国外務省はトルコ軍に対するアラブの反乱を促し、これに資金提供することにより、ドイツの同盟国だったオスマン帝国の資源を分割しようと計画した。砂漠に詳しく、アラビア語が堪能だったローレンスはその計画に不可欠な存在となり、ファイサル一世と連携して、オスマン帝国軍の主要な補給線だったヒジャーズ鉄道への反復爆撃をはじめ、戦略的なゲリラ攻撃を組織した。彼のもっともよく知られた功績は、トルコに占拠された戦略上重要な港湾都市アカバを内陸から奇襲したもので、この作戦は砂漠を渡る必要があったうえ、ダマスカスが同盟国軍に占領されていたことから、それまで不可能と考えられていた。

　ベル、スターク、そしてローレンスに対する最近の再評価によれば、彼らは勝手に観察して立ち去るという「のぞき趣味」の旅行者として批判されている。東洋に対する独自の見解を構

ハドラマウト渓谷、イエメン。フレヤ・スタークはここを旅した。

築した彼らは、その「所有者」として、それが絶対だと思っていた。文化研究の批評家エドワード・サイードは、この三人が「偉大なる個性、オリエントへの共感と直感的同一化、オリエントでの自己の使命に対する注意深く秘められた意識、洗練された奇矯性、最終的なオリエントの否認」を共有し、「彼らひとりひとりにとって、オリエントとは直接かつ特殊な体験に他ならなかった」と述べている[15]（『オリエンタリズム』今沢紀子訳、平凡社）。

　サイードのこうした批判に、ウィルフレッド・セシジャー（1910年〜2003年）も含まれたであろうことは間違いない。彼はエチオピアを探検し、第一次大戦中はスーダン国防軍の一員として際立ったキャリアを築いた後、アラビア半島の悪名高い「空虚な一角」を二度にわたって旅した。著書『アラビアの砂漠（Arabian Sands）』（1959年）の中で、彼は「砂漠の輪郭に沿って密集した、人類の歴史の風格」に感動したと述べ、そこでは部族たちが「イシュマエルの子孫と称し、千年前に起こった出来事をあたかも自分の若い頃に起きたかのように話す老人たちに耳を傾けた」[16]。セシジャーが中東を旅した動機は次の三つだった——一番手になること、有名になること、ひとりになること。

　　「空虚な一角」は（中略）他人が行ったことのないところへ行きたいという私の衝動を満たすことのできる、残り少ない場所のひとつだった。（中略）［それは］私に旅行家として名声を得るためのチャンスをもたらしたが、私はそれ以上のものを与えてくれると期待し、その空虚な荒野において、自分が孤独とともに安らぎを見出し、ベドウィン族の間に、対立する世界における仲間意識を見出すことができると信じた[17]。

中央アジアの砂漠

　タシケント、サマルカンド、ブハラ、スリナガル、カンダハル、イスファハン、ペルセポリス——20世紀初めのヨーロッパ人にとって、シルクロードに並ぶこれらの都市の名前は、ロマンに満ちた過去とのつながりを感じさせた。だが、いわゆる

オーレル・スタイン、「チラ北部の砂漠にあるウルグ・マザルにて、仲間たちと私」。飼い犬のダッシュとともに手前中央にいるのがスタイン、1910年頃。

　シルクロードそのものの再発見と、その多様性に富んだ文化的・言語学的歴史と考古学を大きく発展させたのは、1900年から1930年にかけて中央アジアへ四度の大規模な探検を行なったマーク・オーレル・スタインだった。東トルキスタンでの彼の旅はポニーか徒歩で約4万kmにも及び、ロプ・ノールの塩湖——水も燃料も動物のための牧草もない、まったくの不毛の地から190kmのところにあった——を通ってシルクロードをたどりながら、彼は失われた都市や忘れられた言語を発掘した。スタインは中国の西域を示す玉門関を再発見し、すでに失われたタリム盆地のトカラ語の文書を見つけた。

　スタインは、中央アジアの砂漠を探検したことで王立地理学協会から創設者メダルを授与され、第4章で述べたように、莫高窟（千仏洞）から持ち出した多くの宝物を大英博物館に譲ったことで、英国政府からナイトの爵位を与えられた。現在の基準からすると、スタインは考古学における海賊にほかならず、絵画や壁画、彫像、そしてマルコ・ポーロや中国唐朝の僧玄奘の回想録を含む文献を奪い去った。ただ、救いとなるのは、現在、彼に奪われた発見物が世界中の学者たちの役に立っている一方、残された遺物の多くは失われたか、破壊されたという事実である[18]。

134　　Desert

スタインと同時代のスウェーデン人で、地理学者、地図製作者、考古学者、そして探検家、旅行作家だったスヴェン・ヘディン（1865年〜1952年）も、タリム盆地やタクラマカン砂漠など、中央アジアへ四度の探検を行なった。1927年から1935年にかけてのモンゴルおよび東トルキスタンへの学術遠征は、37人の学者と武器、そして300頭のラクダを引き連れ、まるで侵略軍のようだった。ロプ・ノールの砂漠で、ヘディンは中国の万里の長城がかつて新疆（しんきょう）まで伸びていたことを示す遺跡を発見した。ただ、彼の勧めにより、中国政府が道路や灌漑（かんがい）システム、さらには石炭や金、鉄、マンガンの採鉱場を建設したため、それまで辺境だったこの地域の景観は、取り返しがつかないほどに変化した。

　このふたりの男性が学術的発見と考古学的略奪に夢中だったのに対し、何人かの恐れを知らぬ女性旅行家たちは、まったく異なる動機から、この過酷な砂漠に引き寄せられた。スイスのスキーヤーで登山家、航海家、映画制作者だったエラ・マイヤール（1903年〜1997年）は、冒険に憧れた。両大戦の間にあったヨーロッパの複雑さや「狂った物質主義」に幻滅した彼女は、「原始的で素朴な人びと」とともに生活し、「根本的な法則」を再発見したいという冒険心を抱いた。彼女は「山ほどに古い孤独」という概念にとくに魅了された[19]。「かのティムールの遺跡」サマルカンドを旅しながら、マイヤールはジェイムズ・エルロイ・フレッカーの詩「ハッサン（Hassan）」の一節を口ずさんだ——「知られるはずのないものを知りたくて、われらはサマルカンドへの黄金の旅に出る」。そこから、彼女は「その崇高なまでに荒涼とした（中略）灰色の空と灰色の氷しかない」[20]雪のキズィル・クム砂漠を渡り、ブハラへ旅した。一行は、そこで水を得るために氷塊を切って溶かさなければならなかった。

　3年後、彼女はロンドンのタイムズ紙の特派員だったピーター・フレミングとチームを組み、7ヶ月にわたる5600kmの旅を決行した。その目的は、列車やトラック、徒歩、馬やラクダで北京からカシミールのスリナガルへ向かい、東トルキスタンの内戦で何が起きているのかを確かめることだった。彼らはまず荒涼としたツァイダム盆地を抜け、それからシルクロードを経由してタクラマカン砂漠を渡らなければならなかった。

マイヤールにとって、こうした旅は自分の肉体的・精神的持久力と創意を証明するためのものでもあった。彼女はブレーズ・サンドラールの言葉を引用してこう言っている。

> 冒険とは（中略）空想物語ではない。（中略）冒険とは常に乗り越えるべきものであり、それを自分の一部とするためにもっとも重要なのは、それを実行すること、恐れることなく実行するだけの価値があると証明してみせることである[21]。

一方、これとはまた違う動機をもっていたのが、中国西部に聖書の教えを広めようとした3人の英国人女性宣教師だった。彼女たちの経験を記した『ゴビ砂漠（The Gobi Desert）』（1950年）には、このしばしば危険を伴う冒険や、現地の人びとと育んだ信頼関係や友情に対する喜びも示されている。ジュネーヴで教育を受けたエヴァンジェリン・フレンチ（1869年〜1960年）は、この中国内陸伝道団に加わる前、若き政治的急進主義者だった。当初、伝道協会は彼女の思想があまりにも型破りで、服装が「あまりにも当世風」だと思ったが、最終的に彼女を山西伝道団に配属した。彼女はそこで、ロンドン大学で薬学と人間科学を学んだミルドレッド・ケーブル（1878年〜1952年）と出会い、さらに妹のフランチェスカ・フレンチ（1871年〜1960年）

エヴァンジェリンとフランチェスカのフレンチ姉妹とミルドレッド・ケーブル、1930年代。

が加わった。

　1923 年、3 人は当時イスラム教がほとんどで、西洋ではあまり知られていなかった西域での仕事に志願した。彼女らは河西回廊をたどり、酒泉に拠点を構えた。ここから、3 人は 13 年間で約 2400km に及ぶ旅をし、チベットの村やモンゴルの野営地、イスラム教の町など新疆省の各地で福音を説き、聖書やキリスト教の書物を配布した。また、イスラム教徒の女性たちと話すためにウイグル語を学び、「込み合った serai（宿舎）、モンゴルの yurt（ゲル）、シベリアの isba（百姓家）、中国の四合院、あるいは掘っ立て小屋やラクダ引きのテント、隊商宿でも」寛げるように努力した[22]。

　武装した護衛を連れ、大規模な探検隊として旅をしたスタインやヘディンと異なり、これらの不屈の女性たちはスプリングのないロバの荷車に書物を積み、シルクロードを 3 人だけで、あるいは御者とともに、ときにはロバに乗ったり、歩いたりしながら旅し、古くからの交易路をたどった。「砂漠を端から端まで 5 回も横断した私たちは、その過程で砂漠の営みの一部」——そしてその静けさの一部となっていた[23]。

> 聞こえてくるのは、動物たちの静かで着実な歩みと、御者の布製の靴による穏やかな足音だけだった。（中略）私はそれまでにも大いなる静寂を知っていたが、これに比べれば、それも騒々しく思われた。草一本そよぐことなく、木の葉一枚揺れることなく、鳥が巣で身動きすることもなく、（中略）口を開く者もなく、私たちはただ一心に耳を傾けた[24]。

　3 人は、普通なら外国人の目には触れないような神殿や寺院にも案内された。馬蹄寺石窟では、石の階段でつながった砂岩の崖に祭壇がくり抜かれていた。小窓から明かりが差す窟の中には、中国の寺院ではけっして見られないような衣文やアンクレットを身につけたインド風の像や、傍らで象が敬意の印として鼻を持ち上げている、木の仏像が置かれていた。

　この広大な砂漠に 3 人きりだった彼女らは、過去の旅人たちがわずかに残した道の痕跡から絶対に離れてはならないこと、

第 6 章　旅行家と探検家たち

そして遠くからだとゆっくり平原を進んでいるように見える塵旋風の恐ろしさを学んだ。これはサイクロンのような激しいつむじ風で、砂や小石を地面から巻き上げた。彼女らはまた、誰かを呼ぶ声やラクダの鈴の音など、軽率な旅行者を道から誘い込む幻聴を無視することも覚えた[25]。ただ、月牙泉のうっとりするような美しさを耳にしていた彼女らは、一歩進むごとに足首まで砂に埋もれて滑り落ちるという鳴沙山の砂の階段を登った。

　小さな三日月型のサファイアブルーのその泉は、（中略）暖色の砂の谷に浮かぶ宝石のようだった。対岸には銀色の木々に囲まれた小さな寺院が立っており、湖面では黒い水鳥の群れが泳いでいた[26]。

　ゴビ砂漠の旅の終わりに、ケーブルはこう書いている——「昔の荒野の教父たちは孤独を体得するものであると考えたが、この長くゆっくりした旅で、私たちもそれを体得しようとしていることに気づいた」[27]。彼女は砂漠の特徴についても触れ、それはオーストラリアの砂漠を描く画家たちに感銘を与えた。

　空気は澄み切り、視界を遮るものは何もない。（中略）す

月牙泉、敦煌、ゴビ砂漠、2009年。

鳴沙山。

べての物体が驚くほど鮮明かつ立体的に浮かび上がる（中略）［それはちょうど］通常のあらゆる交流から切り離された生活が、どんな巡り合いにも重要性を見出すのと同じだ。（中略）砂漠の通り道に、偶然の出会いなどというものはない[28]。

　タクラマカン砂漠は、今もその魅力を失わずにいる。英国陸軍の将校だったチャールズ・ブラックモアは、ローレンスのアラビアにおける1000kmにも及ぶ旅路をたどったが、それでもまだ広々とした砂漠の空間に心惹かれた。それは彼に「やりがいのある課題を与えてくれた——探検すべき最後の辺境としてふさわしい、どこか見知らぬ、普通とは違う、そしておそらく地図には載っていない遠くの地」[29]。1993年、中国との困難な政治的交渉を終えた彼は、英国人、中国人、ウイグル人からなる一団を集め、30頭のラクダとともにタクラマカンを西から東へ横断した。地図上では1250kmの道のりだったその旅は、南北に走る高さ300m級の砂丘を越えなければならないために、著しく延長された。「一番手」になると決めていたブラックモアは、北部や南部の国境沿いに古い交易路をたどるより、砂漠

第 6 章　旅行家と探検家たち

の中央をまっすぐ横切ることを主張した。結果として、探検隊は大きな困難に直面した。人間も動物も急勾配の砂丘を登るのに体力を消耗し、重い荷物を背負ったラクダが尾根でよろめくと、他のメンバーも一緒に滑り落ちた。彼らの命は、ルート沿いの数ヶ所に水と食料を運び、途中で新しいラクダを準備してくれる供給部隊と出会えるかどうかにかかっていた。それでも、ブラックモアは入植者のように、ここへ最初に足を踏み入れたことの強い感動を記した──「これまで誰もそれを見たことがなかった。それは私のものだった。私がその征服者であり、私の足跡は目の前に広がるまっさらな砂の層から純潔を奪うだろう」[30]。

　しばしば個人間、異文化間の緊張から分裂しながらも、探検隊は60日後、ついにタクラマカンの東の果てに到達した。彼らは長く忘れられていた町の遺跡や古代の森、そして約1万年前の石器を発見した。それは先史時代、今は砂漠となったタリム盆地が狩猟採集民の住む肥沃な谷だったことを示唆していた。ただ、残念ながら、探検隊が毎日、オックスフォード大学の研究者のために熱心に集めた砂のサンプルは無駄になった。というのも、ロプ・ノール砂漠で行なわれた核実験による放射性降下物の証拠を隠滅するため、それらは中国側に没収されたからである。

オーストラリアの砂漠

　これまで登場した旅行家たちは、厳密な意味での探検家ではなかった。彼らが旅した地域は、現地の住民にとっては何世紀も前からよく知られた土地であり、多くの場合、そうした旅行家たちはガイドとして先住民を連れていたからだ。しかし、オーストラリアは、南極大陸と同様、まったく「新しい」ものだった。アボリジニーはその故郷のことを詳しく知っていたが、英国の入植者から助言を求められることはめったになく、入植者たちは沿岸部以外の地域に何があるのか知らなかった。内陸探検が奨励されたのは、植民のために農地や牧草地が必要とされたためだったが、それは英国人のアフリカ探検に対抗するためでもあった。アーネスト・ジャイルズは、自分より有名なバートン、スピーク、リヴィングストンといった探検家たちと比較

されることにひどく敏感だった。彼はそのささやかな発見がいかに難しかったかを強調し、その発見に敬意が払われるべきであることを暗に示した。

> 私にはアフリカを旅した偉大な探検家たちのように、女王陛下の名を授けるヴィクトリア湖もアルバート湖もなければ、タンガニーカ湖も、ルアラバ川もザンベジ川もない。だが、過酷な砂漠の小さな泉というささやかな贈り物は、もしそれが私の挙げた壮大な地理的特徴に囲まれていたら、永遠に見つからなかったものであり、必ずや女王陛下の御前にも受け入れられると私は信じている[31]。

　ヨーロッパ人によるオーストラリア内陸部の探検は、公的資金を受けた遠征として半世紀にわたって行なわれたが、結果として、多くは失望とかなりの人命の損失を招いた。だが、水の豊富な牧草地を求める入植者たちの期待が挫かれた一方で、探検家たちは独自の物語をつくり出し、人の目を欺く蜃気楼やめったに流れることのない「川」など、邪悪で危険な土地に立ち向かった自分たちの勇気を称え、それを「伝説的偉業」として書き直した。みずからを英雄的人物、新しい国家が欲しがる名士として演出した彼らは、探検旅行の本来の目的を微妙に変化させ、経済的利益を忍耐力に、探検を手柄に取って代えた。失敗に終わった挑戦や判断ミスは巧みに編集され、それは約1世紀にわたる国家の内陸砂漠への姿勢を決定づけた偉業として、読者に英雄的探検の古典という印象をもたらした。
　こうした輝かしい失敗の神話が始まったのは、1841年に南部の沿岸砂漠で大規模な探検を行なったジョン・エアの物語からだ。彼はたまたま沖に停泊していたフランス船に救助されて生き延びたという事実を、ほとんど無視した。その4年後、チャールズ・スタートが大陸の中心に英国旗を最初に掲げようと決意した。自分が内陸部の「聖なる謎」を解き明かす運命にあると信じたスタートは、内陸へと流れる大河とともに内海の存在を確かめるため、1844年、楽観的な植民地住民に見送られてアデレードを出発した。結局、彼は中心には到達できず、白亜紀にオーストラリア中央部にあった巨大なエロマンガ海を

S・T・ギル、『アデレードを出発するチャールズ・スタート隊長』、1844年、素描。

発見するにも1億2000万年遅かった。にもかかわらず、スタートはオーストラリア最初のゴシック小説のような物語を書くことにより、みずからを探検家の殿堂に押し込んだ。グレン補給基地で日照りに直面した彼は、その物理的抑留(よくりゅう)を心の牢獄(ろうごく)、そして一行を「不毛な灼熱の地に閉じ込められた」囚人として描き、「事実上、それは南極で冬を過ごしたようなものだった」と記した[32]。シンプソン砂漠を平行して走る高さ30mの砂丘列が、「われわれを威圧するようにそびえ立ち、(中略)荒れ狂う海の波のように続いていた」[33]。

スタートの失敗に続いたのが、1848年頃、オーストラリア中央部の二度目の探検で行方不明となったルートヴィヒ・ライヒハルトである。経験豊かなドイツの探検家で科学者だった「迷子のライヒハルト」は、さまざまな憶測や小説の題材を提供し、それはオーストラリアでもっとも悲劇的な探検のお膳立てとなった。1860年、ロバート・オハラ・バークとウィリアム・ウィルズ率(ひき)いる探検隊はメルボルンを出発し、集まった1万5000人の観衆を魅了した。人びとは珍しい異国のラクダや山のような荷物(内海を発見した場合に航海するためのホエールボートも含まれていた)、そしてそれまで見たことがないほど長い騎

馬行進に驚いた[34]。1年後、バークとウィルズ、そして総勢19人からなる探検隊の他の5人のメンバーが、誤った指示と判断ミスによって命を落とした。しかし、英雄的リーダーとしてのバークの名声は何十年も疑われないままだった。これらの「失敗した」探検家たちは、砂漠を悪者にすることで、国民に崇高な悲劇という形のカタルシスをもたらした。王室の葬儀に匹敵(ひってき)するほどの規模で行なわれた彼らの国葬では、4万人もの参列者がバークとウィルズの死を悼(いた)んだばかりか、ふたりを国家の最初の殉教(じゅんきょう)者として称えた。

　名声と死の結びつきはあまりに広く浸透していたため、任務に成功し、無事帰還した探検家たちは逆に二流の地位に格下げされた。実際、オーストラリア大陸の中心に到達し、その経路が南北を結ぶ重要な電信ルートとなったジョン・マクドール・ステュアートをはじめ、範囲の広さと持久力の点では屈指の内陸探検家だったアーネスト・ジャイルズ、オーガスタス・グレゴリー、ピーター・ウォーバートン、ジョン・フォレストらは、成功しなかった探検家たちに比べて、はるかに有名でもなければ賞賛もされていない。

　こうした探検から約1世紀の間、砂漠の旅は一般の人びとには経験できないものだったため、探検家たちの話は小説家に砂漠の出来合いのイメージを提供した。それはヨーロッパの入植者にとって最大の恐怖——日照り、喉(のど)の渇き、孤独、隔絶、見知らぬ土地での死——を具現した、悪夢のような土地を思い描いたものだった。砂漠に対する彼らの敵意は、地図の上にも刻まれている——失望(ディサポイントメント)山、絶望(デスペア)山、破壊(デストラクション)山、欺瞞(デセプション)山、荒廃(デソレーション)山、悲惨(ミザリー)山、不毛(バレン)山、さらには眼炎(オフサルミア)山脈まである。

　20世紀の輸送手段が導入されても、オーストラリアの砂漠は、ロビン・デイヴィッドソンのような個人の挑戦の場であり続けた。1977年、自分の能力を証明したいという内なる衝動に駆られたデイヴィッドソンは、アリス・スプリングズからインド洋まで、西部砂漠を2700kmにわたって4頭のラクダとともに単独で旅した。ベストセラーとなった彼女の旅行記『ロビンが跳ねた：ラクダと犬と砂漠　オーストラリア砂漠横断の旅』（田中研二訳、冬樹社）は、とくに女性読者から支持され、自分の意志で、しかもほとんどひとりで、そうした旅を決行した

デイヴィッドソンは尊敬を集めた。同書は、砂漠を啓蒙と自己発見の空間として称える、新ロマン主義の砂漠崇拝を生み出す大きな要因となった。

南極大陸

　先住民のいない南極大陸は、ヨーロッパ人によって真に「発見される」べき唯一の大陸だった。1820年にロシアの海軍士官ベリングスハウゼンが南極本土を目にし、そこを二度周航したが、20世紀初めの南極大陸はまだほとんど知られていなかった。その大きさ、遠さ、環境の過酷さにおいて究極の砂漠であり、最後の辺境であった南極大陸の探検は、10年にわたる先取り競争をもたらした。1895年にロンドンで開かれた第6回国際地理学会議の決議により、科学界のすべてが南極探検に駆り立てられ[35]、事実上、南極点を目指す戦いの火蓋が切られた。こうしてベルギー、イングランド、フランス、スコットランド、そしてノルウェーの探検隊がその栄誉を求めて競争を始めた。

　戦いが決着したのは、1911年12月にロアール・アムンゼン率いるノルウェーの一行が南極点に到達し、そのわずか33日後にロバート・スコット率いる英国チームが続いたときだったが、その後も南極を目指す探検は続いた。南極探検の「英雄時代」における過酷な遠征に関わった者たちは伝説的人物となり、男らしい愛国的な理想や科学という崇高な目的を粘り強く追求したとして称賛されたが、その前の世紀にオーストラリア内陸部を旅した探検家たちと同じく、彼らのうちの少なくとも何人かは昇進や名声への期待がその動機だった。

　アーネスト・シャクルトンは、冒険や科学的知識への愛、そして未知のものへの興味をその理由として挙げ、さらに「過酷な南極の地は、文明の柵の外へ出たことのない人びとにはほとんど理解できない形で、それを糧とする男たちの心をつかんだ」と述べた[36]。アムンゼンはその恩師フリチョフ・ナンセンの言葉を引用した——「自然の支配と力に対する人間の精神と強さの勝利」[37]。科学的知識を得ることは、それに伴う犠牲や危険を正当化する理由とされ、多くの部隊が海岸線や島々を地図に表したり、南磁極の位置（の変化）を観測したり、南極高原や大氷棚を探検したり、あるいは大陸を横断して気候や生物学、

地質学についてのデータを集めたりした。

　こうした初期の遠征はわずかな予算で小規模に行なわれ、高性能の装備もなければ、今なら衛星画像会議によって即座に招集されるバックアップ体制もなかった。装置は重くて扱いにくく、輸送は犬か人間が引くそりが頼りだった。チームは最小限の生活必需品しか持ち運べず、航法計器は磁極が近いことから悪影響を受けた。

　客観的基準によれば、スコットの二度の南極遠征は大失敗だった。一度目、彼は不注意から隊員の少なくともひとりを失い、船のディスカヴァリー号も氷の中で失いかけた。しかし、彼と隊員たちが1904年にイングランドへ帰還したとき、彼らは国民から英雄として迎えられた。というのも、ダーウィニズムに起因し、ボーア戦争やクリミア戦争での敗北によって自信喪失を深めていた国民は、英国の民族的優越性への信念を高める必要があったからだ[38]。1911年から1912年にかけてのスコットの二度目の遠征は、さらに大きな失敗だった。南極点初到達の競争に敗れた彼の一行は、帰路に隊員全員が死亡した。しかし、彼の日記には、一行は克服しがたい困難に直面しても、最後まで自己犠牲を辞さなかった英雄的人物のチームとして描かれている。スコットと同時代の人びとで、『ボーイズ・オウン・アニュアル（Boy's Own Annual）』のような少年雑誌の冒険物語を読んで育った人びと、そしてまだ世界大戦によって心がひねくれていなかった人びとにとって、彼の物語は英国帝国主義という王冠の宝石だった。

　しかし、オーストラリアの探検家たちと同様、彼の評価はやがて残酷に見直されることとなった。1985年、ジャーナリストのローランド・ハントフォードは、スコットが隊員たちを痛めつけ、歴史を不正に操作したのではないかと示唆して、英語圏の人びとに衝撃を与えた。スコットの評判は歴史的事実から文学的功績へと一変した。米国の小説家アーシュラ・ル＝グウィンはこう述べた――「彼は芸術家であったがため、彼の証言はただの浪費と惨めさをあの有益なもの、悲劇へと変えるのである」[39]（『世界の果てでダンス』篠目清美訳、白水社）。

　一方、オーストラリアの地質学者で探検家のダグラス・モーソンは、南極点への競争よりも科学的研究に関心があった[40]。

第1回オーストラリア南極探検隊（1911年〜1914年）を率いた彼は、地質学や生物学、気象学に関する観測を行ない、沿岸地域の大部分を地図にした。スイス人の優れたスキーヤーで登山家のザヴィエル・メルツと、ベルグレーヴ・ニンニス中尉も同行して、モーソンはアデリー・ランド東部の地域を探検した。ところが、ニンニスとそり犬の1匹が小屋から500kmのところで、補給物資の大半とともにクレヴァスに消えた。モーソンとメルツは基地へ引き返すため、残ったそり犬を食べながら、そして最後には自分たちでそりを引きながら必死に進んだ。だが、メルツは基地から160kmのところで力尽き、食料不足で衰弱したモーソンがひとり残された。彼はついにベースキャンプへ到達したが、激しいブリザードのせいで着くのが1週間遅れたため、探検船は冬に備えてすでに北へ出発していた。後に登山家のエドマンド・ヒラリーは、たったひとりで基地を目指したこの旅を「南極探検最大の孤独なサバイバル」と呼んだ[41]。残念ながら、彼の真に迫った手記『ブリザードの家（The Home of the Blizzard）』（1915年）は、スコットを悼む風潮と第一次世界大戦の悲劇の中に埋もれてしまった。

　4人目の「英雄的」リーダーであるアーネスト・シャクルトンは、二度にわたって南極点到達に失敗した後、南極点を経由して南極大陸を横断するという別の「一番乗り」に関心を移した。入念な準備にもかかわらず、エンデュアランス号はウェデル海で氷塊に阻まれた。勇敢にも隊員全員の救助を果たしたシャクルトンは、氷塊の中を無甲板船でサウス・ジョージア島へ到達し、さらに山脈を越え、グリトヴィケンのノルウェーの捕鯨基地に助けを求めた。

　こうした南極発見の「英雄時代」とは一線を画していたのが、リチャード・E・バードの米国探検隊だった。彼の最初の遠征（1928年〜1930年）では、航空機や航空カメラ、雪上車、複雑な通信機器などを使って[42]、大規模な航空写真図化や測量作業、気象学的観測や地質学的調査が行なわれた。二度目の遠征（1933年〜1935年）では、バードは沿岸ではなく、内陸の天候を記録しようとした。ボーリング前進基地の測候所はロス氷棚の180km内陸に建てられた。4ヶ月半に及ぶ南極の冬、バードはここの3m×4.5mの小屋にひとり滞在し、気象やオーロ

ラの観測を行なった。ウォールデン池の小屋で暮らした作家ソローに影響されて、彼は「平穏や静けさや孤独が本当はいかに素晴らしいかがわかるまで、それを味わい」[43]、最新の書物や音楽や哲学に精通するつもりだった。

バードの観測データは統計化され、その著書『南極でただひとり』（1938年）（『世界ジュニアノンフィクション全集10』収録、那須辰造訳、講談社）は、壮大なオーロラに対する感動的な描写と、暗闇と孤独に満ちた数ヶ月間に行なわれた内陸探検の記録から、古典文学のひとつとなった。バードは無限の調和や「知性の広がり」を深く実感し、人類が偶然の存在ではなく、「木や山、オーロラや星と同じように宇宙の一部である」ことを確信した[44]。だが、こうした多幸感は石油ストーヴによる一酸化炭素中毒に損なわれた。バードは次第に衰弱し、抑鬱から絶望に陥った。彼の身を案じて、支援チームが救助隊を送ったが、バードは何年もその救助を受け入れることができなかった。彼にとって、それは任務の失敗を意味したからだ。

南極大陸に関するこうした探検家たちの記録は、どれも驚くほどよく似ていた。社会の制約や因習から解放されたような高揚感とともに出発し、航海の途中で遭遇する巨大な氷山に畏怖の念を抱きながら、彼らはこの厳しい自然に負けることなく、立派に自分の能力を証明したいという熱意をもって現地に到着した。しかし、雪と氷に囲まれ、他の世界から隔絶されて暮らすことのロマン主義的なイメージは、結局は単調で、最終的に

リトル・アメリカ基地IIの昔の小屋があった場所を再訪した海軍少将リチャード・バード。彼は1935年にこの基地に置いていかれた12年前のコーンパイプで12年前のタバコを吸っている。この写真は1947年、米国海軍の南極観測プロジェクト「ハイジャンプ作戦」の遠征の際に撮影された。

第6章　旅行家と探検家たち

は憂鬱なものであることがわかった。1911年から1914年にかけてのモーソン探検隊のメンバーだったチャールズ・レザロンは、視界の無限性から生じる抑鬱感をこう記している。

> 私はこの氷の高原が大嫌いだ。(中略) それは途方もなく重苦しい。それはあまりに大きく、果てしなく、来る日も来る日も完全な孤独と死を思わせる同じ白い広がりが続く。私たち以外に生きているものはないのに、なぜかそれが怒っているように思える。テントの中に入り、視界の限界を知ることは大きな慰めである[45]。

今はカラー写真でよく見かける南極大陸の壮大な景色は、一時は感動的でも、生き残りをかけた苦闘の前には、その南天オーロラのドラマティックな光のショーや無限に広がる氷の造形でさえ、色褪せて見えた。サスツルギ——風の作用によって雪原にできた波状の稜線で、たいてい数mの高さがあり、風の主方向に平行して長く伸びている——は、砂の砂漠の砂丘列と同じく、探検隊の進行を妨げた。ブリザードは、砂嵐と同じく、旅の続行を不可能にし、識別可能な目印をすべて拭い去って景色を一変させた。水平線に見られる強烈な白い輝きで、その向こうの氷原の光を反射した氷映は[46]、熱の揺らめきによって生じる蜃気楼と同じく、彼らを不安にさせた。雪や薄氷に隠された危険なクレヴァスは、一瞬のうちに跡形もなく命を奪った。ホワイトアウトは感覚を遮断し、ほぼ一年中、他に生命体がないという状況は深い抑鬱を引き起こした。やはりモーソン探検隊のメンバーだったチャールズ・ハリソンはこう書いている——「この土地は死そのものだ。(中略) それは何世紀も前から墓地だったのかもしれない。それはひどく古そうに見えた」[47]。

にもかかわらず、南極探検の英雄時代は今も人びとの競争心を刺激している。2007年、英国系オーストラリア人の冒険家で環境科学者のティム・ジャーヴィスは、モーソンの話が物理的に可能かどうかを判断するため、彼の1912年の遠征を再現し、500kmの距離を歩き、当時と同じ最小限の食料とともにそりを引いた。ザヴィエル・メルツの代わりに、彼が命を落とした現場までジョン・ストーカロが同行したが、ジャーヴィス

は後ろ向きな思考や深い憂鬱と戦いながら、旅の終わりまでブリザードの中を進み続けた[48]。

さらに2013年1月23日、彼は5人のメンバーとともに、シャクルトンの救命艇ジェイムズ・ケアード号を複製したアレグザンドラ・シャクルトン号に乗り込んだ。それはエレファント島から南極海を渡ってサウス・ジョージア島へと進む、1300kmの無甲板船による旅を追体験するためだった。彼と仲間はそこで3日間かけて山越えし、広大な雪原や険しいクリーン氷河を渡り、ほぼ垂直に小石が堆積した峡谷を下って、ストロムネスの古い捕鯨基地へ2月10日に到達した[49]。どちらの遠征でも、ジャーヴィスはモーソンやシャクルトンが持っていたのと同じだけの道具や装備しか使わなかった。なぜ自分をそんな危険にさらすのかと聞かれて、ジャーヴィスはこう答えた——「肉体的な挑戦のためであり、自分についてもっとよく知り、昔の探検家がどんな困難を経験したかを知るためでもある」[50]。

一方、灼熱の砂漠であれ、寒冷な砂漠であれ、あるいは氷の砂漠であれ、砂漠に立ち向かおうとする動機には科学的好奇心を満たしたいとか、自分を試したいとかいったもののほか、自然の力と広大さに圧倒される感覚を経験したいというものも含まれている。ロマン主義的な熱狂であれ、ゴシック小説的な恐怖であれ、砂漠や氷原の旅がもつ独特の魅力を生み出し、作家や映画制作者に私たちがイメージする空想の砂漠をつくらせるのは、こうした過酷な体験の物語なのである。

傾斜したサスツルギ、南極大陸、2009年。

Desert

第7章　想像の砂漠

（中略）死には東洋の砂ほど暖かく、深い安らぎはない
そこにはサマルカンドへ黄金の旅をした人びとの
美しさと輝かしい信念が隠されている
（ジェイムズ・エルロイ・フレッカー「サマルカンドへの黄金の旅（The Golden Journey to Samarkand）」1913年）

　探検家や旅行家たちの話は興味深いが、私たちをもっとも引きつけ、その記憶に残るのは想像の砂漠である。パーシー・ビッシュ・シェリーの「オジマンディアス（Ozymandias）」（1818年）は、サハラ砂漠の描写を通して、滅びることへの人間の深い恐怖を表現している。フレッカーの「サマルカンドへの黄金の旅」（同前）は、アラビアの砂漠の力強い魅力を呼び起こす。「老水夫行」（1798年）（『S・T・コールリッジ詩集』収録、野上憲男訳、成美堂）を書いたサミュエル・コールリッジは、当時、英仏海峡を一度も渡ったことがなかったが、南極大陸について心揺さぶる一節を生み出した。シェリーの詩はラムセス二世の巨像が発見されたというニュースに対して書かれたものだが、彼自身はまだそれを見たことがなかった[1]。

ギュスターヴ・ドレ、「あたり一面氷だらけだ」、『老水夫行』の挿絵、1876年、木版画。

　　　古代の地から来た旅人は言った
　　　「胴体のない巨大な石の脚が二本
　　　砂漠に立っている　その傍らには
　　　半ば砂に埋もれて、打ち砕かれた顔が横たわる（中略）
　　　その台座にはこう記されている
　　　『私の名はオジマンディアス、王の中の王
　　　強者たちよ、私のなせる業を見よ、そして絶望せよ』

そばには何も残っていない　その滅びた巨大な残骸のまわりには
ただ荒涼たる不毛の砂漠が彼方へと無限に広がっている」[2]

　コールリッジは、学校で数学教師のウィリアム・ウェールズから聞いた話に影響を受けた。ウェールズはクック船長のレゾルーション号に乗船した元天文学者で、彼らは当時、どの船も到達したことのない最南の高緯度圏を目指して航海に出た[3]。「老水夫行」を書くにあたって、コールリッジは他にも多くの探検家の物語を読み、その旅のイメージや語句さえも作品の中に含めたが[4]、水夫の氷の場面にはゴシック小説的な独特の力があり、それは「婚礼の客」と同じように私たちを魅了し、詩人本人がそこにいた者とじかに接触したかのような印象を与えている。気まぐれにアホウドリを殺すという彼の衝撃的な行為は別として、老水夫はみずからの物語において受動的である——さまざまな事件が彼の身に起こり、あらゆる状況が彼の身を「左右する」。南極の場面では氷が動作の主体である。それは動き、光を放ち、恐ろしい音を立て、すべてを包み込む。

マストの高さ程の氷が近くを漂流し
まるでエメラルドのように緑色だ。

雪の積もった氷の岸壁が漂流する氷の間に
ぶきみな光彩を放った——（中略）

氷、氷、氷、
あたり一面氷だらけだ——
氷は割れ、唸り、とどろき、吠え
気が遠くなる時の物音のようだ！[5]
（「老水夫行」野上憲男訳）

　小説や映画に表れているように、さまざまな種類の砂漠が西洋人の想像力をかき立ててきた。こうした作品では、砂漠が過酷な物理的環境をはじめ、孤立や内省、あるいは文明社会がも

はや抱かなくなった期待を表す暗号として機能している。そのような隔絶感は、フレッカーの詩「東門ウォーデンの歌（Song of the East Gate Warden）」において、「ダマスカスの砂漠の門」が「運命の裏戸、砂漠の門、災いの洞窟、恐怖の砦」と表現されているように[6]、私たちに不吉な予感を抱かせる。それは英雄的資質を引き出すためかもしれないし、巧妙に空想的体験を引き起こすためかもしれない。当初、現実的な設定を求める作家たちが頼ったのは、砂漠に関する探検家の記述だった。そのため、当然ながら砂漠は敵対的に描かれた。というのも、探険家や旅行家の話は自己を正当化するようなものばかりで、世間の目を意識して編集された結果、それは虚構の寄せ集めとなったからだ。今でさえ、砂漠が従属的な存在として描かれることはめったにない。それは個人と文明の両方にとって敵役であり、「異質な」存在なのである。本章では、砂漠の描写における四つのコンセプト――冒険とロマンス、ナショナリズム、ゴシック・ホラー、霊的啓示――について検証する。

冒険とロマンス

　砂漠は生命の危機を象徴するものであり、そこでは死が旅人を待ち受けている――野獣や悪党による一瞬の死か、厳しい自然にさらされての緩慢な死かのどちらかである。暑さや喉の渇き、南極大陸なら激しい寒さ、あるいは砂嵐やブリザードで道に迷ったり、方向感覚を失ったりするといった外的な危険は、何か行動を起こすためのきっかけを無限に提供してくれる。だが、それは同時に窮乏や孤独、差し迫る死によって恐怖や自己発見、啓示が呼び起こされるという内的な冒険のきっかけにもなる。

　砂漠に関する最初の英語の冒険小説は、H・ライダー・ハガードの『ソロモン王の洞窟』（1885年）（大久保康雄訳、東京創元社）で、それは「失われた世界」というジャンルの基本的要素を確立した――地図、砂漠の横断、危険な山々、失われた文明、そして不誠実な悪党による襲撃。ハガードは架空の民族が登場する冒険物語の舞台として、「正確さにうるさい地理学者たちが知らない」場所を苦労して見つけた[7]。彼自身はアフリカに決めたが、その後の作家たちは同じ目的で中央オーストラリアや

南極大陸を選ぶようになった。

　にもかかわらず、サハラ砂漠は今なおヨーロッパ人の想像の中で特別な地位を占めている。ひとつには、それはサハラがごく長い間、彼らの知る唯一の砂漠だったからであり、ひとつには、それが長い文化的歴史をもっていたからだ。P・C・レンのベストセラー小説『ボゥ・ジェスト』（1924年）（佐々木峻訳、英宝社）は、主にフランス領北アフリカを舞台に、忠義や名誉、自己犠牲という動機から外国人部隊に加わった英国貴族の三兄弟の姿を描いている。この冒険物語の軸は砂漠というよりも人間ドラマにある——謀反や逃亡、トゥアレグ族の襲撃といった事件が起こり、生き残ったふたりのヨーロッパ人は砦の銃眼に守備兵の死体を立てかけ、その背後から発砲することで彼らを追い払った。砂漠は美化されるのではなく、英国人の主人公らから勇気と忍耐を引き出す荒廃と苦難の場として描かれている。それは黄疸にかかった指揮官の目にこう映った。

　　見わたすかぎり、美しいものは何ひとつなかった。
　　その景色はといえば、砂と石ころとケレンギャといういが草に、黄色いタファサの藪ばかり、（中略）
　　そして、あらゆるものを越えて、定期風［ハルマッタン］がはげしく吹いていた。そのすさまじい風はサハラの砂塵を百マイルもある海へ遠く運んでゆく。（中略）こまかいほこりが、（中略）眼のなかも、肺のなかも、毛穴も、鼻も、のどもいっぱいにする。（中略）生きているのが耐えがたく、のろわしくさえなるのだった[8]。
　　（『ボゥ・ジェスト』佐々木峻訳）

　この小説が継続的に人気を得たことは、原作『ボゥ・ジェスト』の映画版やテレビ版が1926年、1939年、1966年、そして1982年と連続して制作されたことからも明らかである。
　1920年代、サハラ砂漠はアラブの反逆者を扱った冒険物語の人気の舞台となり、そこではヨーロッパの入植者たちが英雄に置き換えられた。ロンバーグとハマースタインによるオペレッタ『砂漠の歌』（1926年）は、フランスの占領に反対するモロッコの自由の戦士、リフ族による1925年の蜂起を題材に

した。ハリウッドのスター、ルドルフ・ヴァレンティノの人気を決定づけた当時のサイレント映画、『シーク』(1921年)や『熱砂の舞』(1926年)と同じく、それは東方の砂漠をはじめ、異国風の衣装やベドウィンのラクダ乗り、ハーレムに対する一般的なイメージを提示していた。

植民地支配が伝統的な砂漠の民族に与えた悪い影響は、ノーベル賞作家J＝M・G・ル・クレジオの『砂漠』(1980年)(望月芳郎訳、河出書房新社)にも表現されている。土地を追われたトゥアレグ族の一団は、「見えるか見えない足跡をたどって」延々とサハラを進むが、どこにも行き着かない。

> 砂は彼らのまわりや、ラクダの脚のあいだを吹きぬけ、眼の上に青い布を垂らしている女たちの顔面に激しくあたった。(中略)ラクダは呻き、くさめをした。どこへ行くのか、誰も知らなかった。(中略)
> 　地上には他に何もなかった。まったく何もなく、誰もいなかった。彼らは砂漠に生れ、他のどんな道も彼らを導くことはできなかった。(中略)ずっと以前から砂漠のように無言になり、太陽が虚ろな空に燃えると、身体は光に充ちみち、星が凝結する夜がくると、氷みたいに冷たくなった。(中略)
> 　道はいずれも円環的であり、(中略)だんだん狭くなる環を描きながら、常に出発点へと導く。だがその道は人間の生命より長いので、終りのない道だった[9]。
> (『砂漠』望月芳郎訳)

こうしたフィクションに対して、アントワーヌ・ド・サン＝テグジュペリの『人間の土地』(1939年)(『サン＝テグジュペリ著作集1』収録、山崎庸一郎訳、みすず書房)は、作家の実際の冒険に基づいていた。郵便飛行機の操縦士だった彼は、ナヴィゲーターの僚友とともにベンガジとカイロの間のサハラ砂漠に不時着し、昼夜にわたって何日も水を探し続け、渇きで死にかけていたところをベドウィンに救われた。そのあらゆる危険や困難にもかかわらず、サン＝テグジュペリは他のどんな場所でも感じることのなかった喜びを砂漠で体験する。それは自

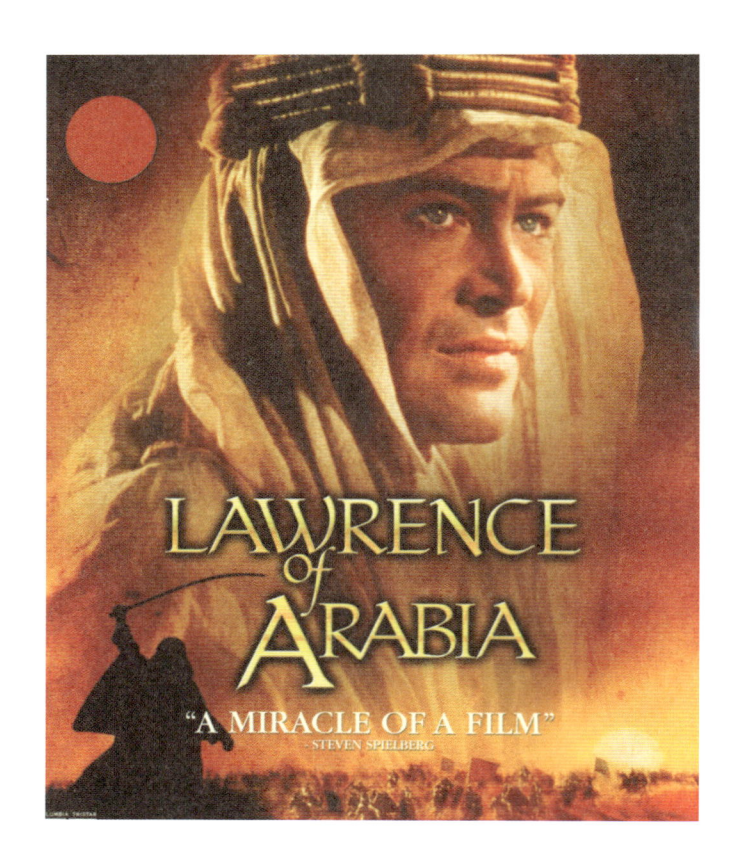

映画『アラビアのロレンス』(監督デイヴィッド・リーン、1962年)のポスター。

然と一体化した人生観だった。

> 私は横たわり、自分が砂漠に迷い込み、空と砂の間で無防備に危険にさらされている状況について考えた。(中略)私はただ呼吸できることの幸運を感じながら、砂と星々の間に迷い込んだ人間にすぎなかった。(中略)
> (中略) この砂の海は私を打ちのめした。紛れもなく、それは神秘と危険に満ちていた。そこを支配する静寂は、空虚な静寂ではなく、差し迫った陰謀を企てているような静寂だった。(中略) 半分は明らかにされたが、まだその全貌は知られていないという何かが私を魅了した[10]。
> (『人間の土地』山崎庸一郎訳)

エジプトのサハラ砂漠を舞台にした冒険映画は、しばしば古代の迷信を復活させることにより、そこに内在する危険や作用を働かせる。インディ・ジョーンズの映画『レイダース：失われたアーク』（1981年）には、「聖櫃」を手に入れようとするナチスとの戦い——それには彼らの世界支配につながる無敵の力があるとされる——が含まれている。同じく、『ハムナプトラ：失われた砂漠の都』（1999年）は、1932年のボリス・カーロフ主演による映画『ミイラ再生』のリメークで、悪人に必ず降りかかるという古代の呪いなど、エジプトの死者にまつわる迷信を題材としている。これにベドウィンの襲撃や人食い虫、よみがえったミイラのイムホテップなどがさらなる危険を追加する。特殊効果は単純なプロットを壮大な冒険映画に変えて大ヒットさせ、スコーピオン・キングやエジプトの邪教、サソリ

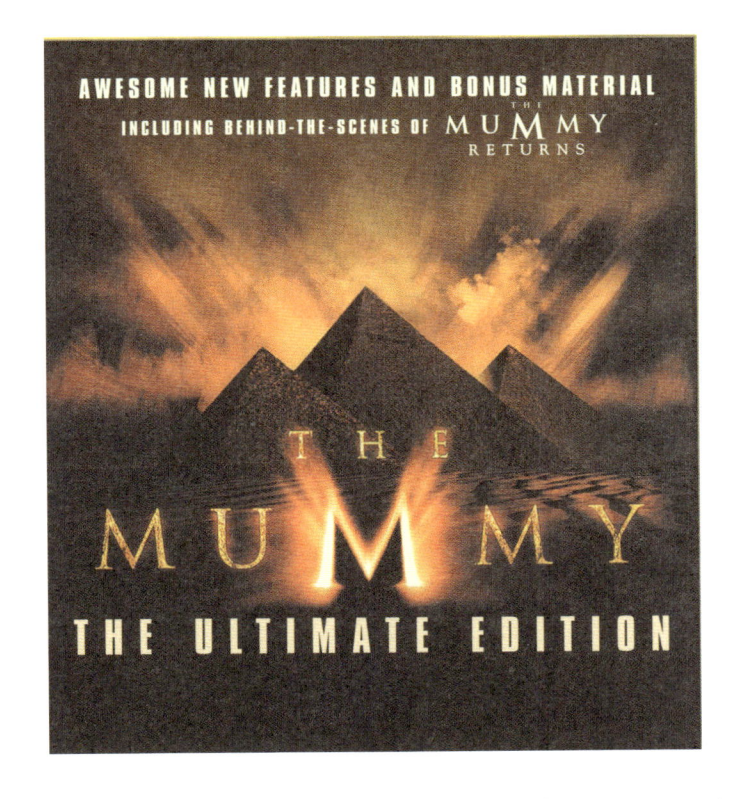

『ハムナプトラ：失われた砂漠の都』（監督スティーヴン・ソマーズ、1999年）のポスター。

だらけの穴、そしてアヌビス神の介入を含む四つの続編を生んだ。これらの映画では、『サハラ：死の砂漠を脱出せよ』（2005年）がそうであるように、プロットと遠い過去とのつながりは弱く、自然の脅威や困難を補うために、敵対するベドウィンのほか、迷信や魔法が取り入れられている。

ワディ・アラバの断崖に掘られたナバテア人の古代都市ペトラも、同じく映画制作者たちを引きつけてきた。その「宝物殿」は、『インディ・ジョーンズ：最後の聖戦』（1989年）のクライマックスで聖杯の最後の保管場所として登場し、「修道院」（エド・ディル）は『トランスフォーマー：リベンジ』（2009年）で隠されたプライムの墓として登場する。ピラミッドやスフィンクスと同じく、ペトラは砂漠と認識できる遺跡として——砂漠そのものというより砂漠を表す暗号として——機能しており、そもそもが単調で特徴のない砂漠という場所を示さなければならない映画制作者の助けとなっている。

砂漠はまた、より複雑な主人公が現れ、やがて消えていく場所としても描かれる。そうした例でとくに傑出しているのが、デイヴィッド・リーン監督によるアカデミー賞受賞作品『アラビアのロレンス』（1962年）である。これは事故死した実在の冒険家で、「現地化していく」英国人工作員の心理を探求した作品とされている。リーンのこの映画では、ベドウィンにさえ「世界最悪の砂漠」とされるネフド砂漠自体が、ひとつの役柄になっている。それは黒い巨大な岩が点在する赤みがかった砂漠で、その麦藁色の砂がナイフのように鋭い漂礫へと吹き込まれ、あらゆるものに入り込むため、ベドウィンはヴェールを顔にぴったりと巻きつけ、目だけを見えるようにしてラクダに乗る。しかし、その砂漠は、はみ出し者のロレンス一等兵を英雄へ変えていくのに重要な役割を果たす。

トルコに対するファイサル王子の反乱計画を見定めるという任務を受けて、彼は「楽しみです」と言う。アラブ局の顧問はこう答える——「砂漠を楽しめるのは二種類の生き物だけだ。ベドウィンと神々だ。そしてロレンス、君はそのどちらでもない」。だが、ロレンスは自分がその両方になり得ると信じている。砂漠は彼をベドウィンから「エル・オレンス」として称賛される、半ば神のような地位に押し上げる。この役割を得て、彼は

首長の白いローブを身にまとい、金の短剣を携えて、砂漠を背景にひとり堂々と歩く。それは部族の王の役を演じるため、あるいはラクダにまたがり、トルコに対して「彼の」アラブ人たちを率いるためだ。夜間にネフド砂漠を渡ってアカバへ向かった彼は、途中、仲間のひとりがラクダから滑り落ちたことに気づく。彼はどんな警告も受けつけず、日中、仲間のために命がけで砂漠を引き返し、ついにベドウィンの信頼を勝ち取る。米国人記者から砂漠の魅力は何かと聞かれて、ロレンスは「潔癖だ」と答える。しかし、ロレンスはアンチヒーローでもある。砂漠は彼から勇気や忍耐、憐れみによる超人的な手柄を引き出すが、それは同時に彼の「心の闇」でもあり、「文明」の束縛を離れた彼は、残酷な暴力や無慈悲な行為にカタルシスとしての喜びを見出す。ある男を処刑したことによって覚醒した彼は、退却するトルコ軍の部隊に凄まじい殺戮を行ない、アラブ人の部下たちをも震撼させる。

　砂漠における戦闘と死は、マイケル・オンダーチェのブッカー賞受賞小説『イギリス人の患者』（1992年。1996年に『イングリッシュ・ペイシェント』として映画化。邦訳は土屋政雄訳、新潮社、1996年）にも描かれている。舞台は主にイタリアだが、この作品には第二次世界大戦が始まろうとするサハラ砂漠へのフラッシュバックが含まれている。そこから、激しい火傷で身元が判明しなかった「患者」が、実は英国人ではなく、ハンガリー人のラズロ・アルマシー伯爵であることが明らかになる。彼は考古学調査のリーダーで、実在のアルマシーと同じく、ワディ・スーラで「泳ぐ人の洞窟」（第4章で言及）を発見した。

　洞窟でのどかに壁画が描かれる場面とは対照的に、砂漠は暴力の舞台となる。アルマシーの恋人の夫、ジェフリー・クリフトンが飛行機を故意に墜落させて自殺し、妻キャサリンに重傷を負わせたとき、アルマシーは彼女を洞窟に寝かせ、助けを求めて砂漠を横断するという過酷な旅に出る。しかし、英国の支配下にあったカイロに着くと、脱水状態で支離滅裂なことを言う外国人で、しかもハンガリーの名前をもつ彼はたちまち投獄されてしまう。アルマシーがついに洞窟へ戻ったとき、キャサリンは飢えと脱水ですでに息絶えていた。こうした回想シーンは、砂漠の美しさと恐ろしさを視覚的に印象づけ、そこに男女

の悲劇と戦争の残酷さが重ね合わされている。

　ロード・ムービーというジャンルは、ピカレスク小説——主人公が旅を通してさまざまな出会いや冒険を繰り広げる——から派生したもので、これもしばしば砂漠を舞台としてきた。こうした表現方法の初期の形が、約1500年前のイスラム教以前の詩歌、アラビアのムアッラカート（Mu'allaqāt）だった。主として、これらは遊牧の旅人たちがどこかの遺跡に立ち寄り、そこで過去の出来事に基づく別個の物語を話したものである[11]。しかし、最近の独立系アラブ映画では、ベドウィンはもはや砂漠で暮らしておらず、石油による国富の遺産であるアスファルトの幹線道路を旅している。ラクダと引き換えに車を手に入れた彼らは、かつて先祖が水と交易のためにオアシスからオアシスへと目的をもって旅したのとは異なり、町から町へと目的もなく運転している。政府の命令によってベドウィンが町に定住するようになって以来、アラブ映画で描かれるのは彼らが砂漠で暮らす姿より、そこを離れる姿である。主人公たちは何度も遅れたり、障害にぶつかったり、方向を誤ったりして、なかなか意図した目的地へ到達しない。彼らは戦争で荒廃した中東をはじめ、世界中に打ち寄せる難民の波を象徴している。

　そうした苛立たしい旅を描いた代表的な作品が、レバノンのロード・ムービー『バールベック（Baalbeck）』（2001年）とイラク映画『バグダッド・オン／オフ（Baghdad On/Off）』（2009年）である。同じく、一連の出来事が無作為に描かれているのが、チュニジアの映画監督ナーセル・ヘミールによる『砂漠の放浪者（Wanderers of the Desert）』（1986年）である。これは遠い砂漠の村に派遣された学校教師の物語で、人びとは埋められた財宝の話に取りつかれ、子供たちは砂漠をさまようべく呪いをかけられているという。物語では奇妙な伝説上の人物が姿を現したり、子供たちが迷路のような地下通路を急き立てられたり、教師が失踪したり、不可解にも船が砂漠に打ち上げられたりする。こうした話はどれも脈絡がないが、蜃気楼のようなチュニジアの砂漠を背景にするともっともらしくなり、ヘミールによれば、砂漠自体がひとつの役柄を果たしている。

　ヴィム・ヴェンダース監督による古典的な砂漠のロード・ムービー、『パリ、テキサス』（1984年）では、主人公トラヴィ

ス・ヘンダーソンが、話す気力も身分証明書もなく、ただひたすらに広大な南テキサスの砂漠へと幹線道路を歩き続ける。妻ジェーンを追い出し、息子を置き去りにして、彼は砂漠でみずからの人格を消し去ろうとする。しかし、弟が彼を見つけて自宅へ連れ帰り、そこで彼は息子と再会する。ふたりはジェーンを探すために再び旅に出る。だが、ヘンダーソンは母と息子の再会を見届けると、永遠の放浪者として行き先を告げることなく、ひとり車で立ち去る。こうした映画では、もともと何の論理的つながりもない偶然の事象をもっともらしくする上で、砂漠が重要な役割を果たしている。

　一方、砂漠の出会いがまったく異なる趣(おもむき)で描かれているのが、『プリシラ』（1994年）である。この色あざやかで、珍しく陽気なロード・ムービーは、オーストラリア中央部のアリス・スプリングズでショーをするため、「砂漠の女王プリシラ号」と名づけたバスに乗り込み、シドニーを出発した3人のドラッグクイーンの物語である。同性愛者に反感をもつ奥地の町や、彼らのパフォーマンスに拍手を送るアボリジニーの集落、そしてシンプソン砂漠の赤い砂丘を旅しながら、3人はそのうちのひとりの長年の夢をついに実現させる。それは壮大なキングズ・キャニオンの断崖に完全な女装をして立つことだった。人間を小さくも大きくも見せる広大な砂漠を背景に、この3人の不屈の旅人たちは自分を取り戻す。

ナショナリズム

　北米の入植者もオーストラリアの入植者も、大陸の中心部が肥沃(ひよく)な土地ではなく砂漠であるということを当初は信じようとしなかったが、どちらも最終的にはその砂漠を国家のアイデンティティーに不可欠なものとして受け入れた。北米では、南西部の荒野で生き残りをかけて戦った入植者たちが、この地を不毛なものとして見限った。そんな北米砂漠が人口の密集する都市部とは対照的な魅力をもつとして、美しさを高く評価されるようになったのは、機械化やテクノロジーの発展によってそこへ容易に近づけるようになってからだった。砂漠の美しさを初めて表現したのは、喘息(ぜんそく)もちの美術史家で、健康のために乾いた空気を求めていた評論家のジョン・ヴァン・ダイクだった。

カリフォルニアとアリゾナの砂漠について書かれた『砂漠(The Desert)』(1901年)は、そうした土地の美点が認められる転機となった。彼はこう述べている——「その威厳、その不変の強さ、その広漠たるカオスの詩情、その荒涼たる孤独の崇高さ、(中略)すべてが染まる土地、夢のような土地」[12]。

その後、開拓時代へのノスタルジアが西部劇において表現されるようになった。そこでは勇気や才覚、そして個人主義が理想化され、そうした性質がやがて米国のアイデンティティーと結びついた。もともと西部劇は旧西部を舞台とした冒険物語だったが、それらはすぐにナショナリズムの神話、米国の「明白な運命」の神話となり、産業革命以前の開拓者たちの勇敢で自由な生き方が礼賛された。西部劇のお決まりの登場人物といえば、さすらいのカウボーイやガンマンだが、彼らは砂漠の遊牧民に相当する役柄で、ラクダの代わりに馬に乗り、ケフィエ〔ベドウィン族のスカーフ〕の代わりにカウボーイ・ハットをかぶって、必要最低限のものしかない町や牧場といったオアシスを渡り歩く。西部劇では、砂漠はその荒涼たる地形からも、無法者の存在からも危険の象徴であり、主人公が安定を脅かすあらゆる勢力から法と秩序を守るというのがプロットの典型だった——当初は北米先住民、その後は国境の南から来る盗賊がそうした悪の勢力とされた。

最初の本格的(サイレント)西部劇の『幌馬車』(1923年)

アリゾナとユタの州境にあるモニュメント・ヴァレーの景色。西部辺境地帯のシンボルであり、ジョン・フォード監督による多くの西部劇の舞台にもなった。

では、氾濫した川の横断や大草原の火災、インディアンの襲撃や家畜の暴走といった危険に遭遇しながら、西部を目指す開拓者たちの幌馬車隊が美しく描かれている。アクションだけでなく、西部劇では印象的な砂漠の景色も描かれる。西部劇の監督として有名なジョン・フォードは、赤みがかったメサやビュートが点在するモニュメント・ヴァレーの壮大な砂漠地帯がお気に入りで、「私の西部劇の真のスターは常にこの大地だ」と述べた。モニュメント・ヴァレーが、何世代にもわたる映画ファンの間に「米国の西部」のイメージを築いたことは間違いない。

一方、オーストラリア中央部の砂漠も、たとえ人口の大部分が沿岸部に定住し、一度もそこへ行ったことがないとしても、国家のアイデンティティーを促すのに役立ってきた。1880年代から90代年にかけて、砂漠は冒険物語、「素晴らしき作り話」のお決まりの舞台となり、そこではこの国の男らしさを体現したような主人公の若者が、隠された金鉱を発見したり、人食い部族に遭遇したり、ルートヴィヒ・ライヒハルトを思わせる行方不明の探検家の謎に出くわしたりしながら、砂漠を征服していった[13]。

これらのフィクションの主人公たちは、植民地としての新たなアイデンティティーを生み出し、それを称えるため、一世代前に実在した探検家たちの失敗を上書きし、自分たちは同じ小説に出てくる臆病で情けない英国人とは違うということを示した。金の鉱脈や金の鉱山を見つけるといったテーマがよく用いられたのは、ひとつにはそれがライダー・ハガードによる冒険小説の定石だったこともあるが、一夜にして莫大な富を手に入れるという移民たちの夢をかき立てるものでもあったからだ。

こうした冒険家たちは古代文明に遭遇したり、敵対する異国の部族を征服したりするが、それはアジアやアフリカを起源とする部族たちで、アジア系民族の侵入によって交配と退廃が進んだというオーストラリアの悪夢を象徴する[14]。また、こういった小説では、砂漠は空想的なシナリオを試すための状況や、それを正当化する道具を提供するばかりか、大陸の中心に位置することから、同国の核心的な自己と侵略への恐怖の広がりを表してもいる[15]。

1901年に英国から独立したことで、オーストラリアの砂漠

が表すものは、新たな国家的楽観主義へと急激に変化した。それは発明と科学技術への挑戦であり、実際、被圧地下水によって砂漠を豊かな農地や牧草地に変えようとした。1940年代の映画に最初に登場して以来、砂漠は奥地に住むオーストラリア人の英雄的美徳を称えるための大舞台となってきた。『オヴァランダース』(1946年) は、西オーストラリアからクイーンズランドまでの2400kmの不毛な道のりを、牛の群れを追って移動したという実話に基づいた作品で、それは侵略の恐れがあった日本軍からこの食料源を守り、オーストラリア軍の部隊に届けるためだった。砂漠の旅に内在する危険——飢えと渇き——は、クロコダイルの群がる川や牛たちの暴走によって増大される。

同じような要素がバズ・ラーマンの大作『オーストラリア』(2008年)にも含まれており、主人公らは日本軍による空襲を受けながら、軍に売るために1500頭の牛を追ってダーウィンへと砂漠を渡った。ここでは、苦労して不安定な生計を立てる「普通のオーストラリア人」が真の「仲間意識」を体現していた。それは平等や忠誠、友情、そして皮肉っぽさや権威への反抗という形で表される冷静さからなる彼らの美徳の中で、もっともオーストラリア的なものである。

歴史家のC・E・W・ビーンは1911年の著書の中で、この国を「人間が人間らしい生き方をしなければならない、半分砂漠の謎めいた国」と述べた[16]。実際、シンプソン砂漠を渡ってウードナダッタ・トラックを行く郵便配達人や、アボリジニーを支援するために砂漠で野宿した初老のデージー・ベーツのような人たちは、国民的英雄として探検家に取って代わり、都市部のオーストラリア人にさえ分身として受け入れられた。

南極大陸でナショナリズムがもっとも露骨に表れたのは、南極点初到達を目指した競争においてであり、それは民族的優越性を証明するものと考えられた。それ以来、南極条約の締結にもかかわらず、すでに各国の領有権が主張された大陸でさまざまな形の競争が続いている。一般に「最後の荒野」として知られる南極は、物理的に重要であると同時に概念的にも重要で、私たちが征服したいと願う一方、原始のままで保存したいと願う辺境である。

南極大陸においても、探検家は常に主流の作家たちの注目すべきテーマである。南極点初到達の競争で二番手にしかなれず、探検隊のメンバー全員が帰路で死亡したという問題の英雄スコットは、その動機や心理、そして自己を知るために誰もが行なう心の旅を探求する上で、格好の材料となっている。スコットの最後の遠征は、ダグラス・ステュアートの詩劇『雪の上の炎（The Fire on the Snow）』（1941年）のように直接的な形で、あるいはトマス・キニーリーの小説『生存者（The Survivor）』（1969年）や『オーロラの犠牲者（A Victim of the Aurora）』（1978年）のように、フィクションとして少々内容を変えた形で、南極大陸についての思想や著述に大きな影響を与えた。そうした作品では、英雄をつくっているのは南極大陸だが、逆説的にいえば、英雄なしでは南極にアイデンティティーはない。探検家を英雄として扱うことは、読者はその結末を知っているが、必死に闘う登場人物はそれを知らないという残酷な皮肉を効果的に生かすものである。

　他の砂漠もそうだが、南極大陸の砂漠は性別の差を強く意識させる空間である。そこでは女性が不在で、ほとんど言及されることもない。これもまた砂漠神話の一部なのだが、女性はそんな窮乏に耐えられるはずがなく、自然や無法者から等しく守られるべき存在だというわけだ。南極大陸の女性科学者の数は増えているが、やはり正当に評価されていないと主張する人びともいる[17]。アーシュラ・ル＝グウィンの短編小説『スール』（1982年）（『コンパス・ローズ』収録、越智道雄訳、筑摩書房）は、征服と一番手になることへの執着というヨーロッパ中心の歴史に対する、機知に富んだフェミニズム批評である。この物語では、南米の女性たちの一団がアムンゼンよりも2年早く南極点に到達する。彼女たちの成功は主にその入念な準備、行き届いた家事、そして仲間との友好的な人間関係によるものだが、彼女たちがその偉業を公表しないのは、その目的がただ「見に行くこと、それ以上でもそれ以下でもない」からであり、語り手が言うように、「私たちはそこに何の印も残さなかった。なぜなら一番手になることを切望している男がいつかやって来て、それを見つけたら、自分がいかに愚かだったかを知り、落胆するかもしれないからだ」[18]。

ゴシック・ホラー

 伝統的に、根拠のない残虐行為や迷信、先祖代々の屋敷への監禁といったことを連想させる「ゴシック」という言葉は、一見、砂漠の開けた空間とは何の関係もないように思える。しかし、現代の心理劇では砂漠とゴシックの間に強力な類似点があり、そこでは砂漠が恐怖を内包する心の風景を表している。距離的な孤立は、壁に囲まれての監禁と同じくらい恐ろしいものであり、暑さや渇き、孤独感は貴族の専制君主と同じくらい絶対的なものである。ゴシック小説の横暴な恐怖は、砂漠でいえば、地理的な目印をわずか数分で消し去ってしまう、予測不可能な砂嵐と同じである。幽霊のような幻影の出現は蜃気楼にたとえられるし、砂漠の不気味さや静けさ、寂しさは謎めいた超自然的感覚を引き起こす。ゴシック小説を監禁による抑圧された心理的恐怖の比喩として、ポスト・フロイト主義的に解釈すれば、それが砂漠の特徴を反映していることがわかる。その無と暗闇の漠然とした空間は、疎外感や心の空虚感という文化的に押し殺された恐怖に通じるものであり、魂を震え上がらせるような無限性や永遠性をもっている。

 オーストラリアの砂漠は、一世紀にわたって探検家たちの失踪や死に付きまとわれた。それはバークロフト・ボーク（1866年～1892年）の詩にも、不気味に表現されている。

> 茶色の夏と死が結ばれたところ
> それが死者の眠るところだ！（中略）
> にやりと笑う頭蓋骨が白く色褪せる先
> 明るく輝くソルトブッシュの下
> 野良犬たちが夜ごと鳴き声を合わせる先
> それが死者の眠るところだ！[19]

 まるで自然の危険だけでは十分でないかのように、オーストラリアの砂漠はしばしば映画制作者たちに恐怖と狂気を象徴するロケ地として選ばれてきた。ジョージ・ミラー監督の『マッドマックス』三部作では、砂漠が核戦争による破滅後の世界を示す舞台とされ、その生き残りをかけた戦いには何のルールも保護もない。しかし、この荒涼たる砂漠は一種のパロディーと

『マッドマックス：サンダードーム』（監督ジョージ・ミラーおよびジョージ・オギルヴィー、1985年）のマッドマックスとアウンティ・エンティティ、そして失われた子供たちのポスター。リチャード・アムセルによる劇場用オリジナル・ポスター。

しても機能している。型にはまったイメージが風刺され、文化の規範や時間の枠組みに逆らうアンチヒーローの孤独な戦士マックスによって、非現実的な物語が展開される。この弱肉強食の闘いでは、「掟（おきて）」や罰は運命のルーレットによって決められ、暴走族は車を走らせるための貴重な燃料をめぐって殺し合い、人間は太古の原始的な姿に逆戻りする。

　マックスが失われた子供たちの夜ごとの「物語」で英雄として祭り上げられるのは、この国がかつて国家のアイデンティティーを提示するために伝説的英雄に頼ったことに似ている。つまり、『マッドマックス』という作品——『マッドマックス』（1979年）、『マッドマックス2』（1981年）、『マッドマックス：サンダードーム』（1985年）——は、世界滅亡後の異様な西部劇として見ることができ、そこでは馬の代わりにボロボロの車が走り、人びとは金ではなく燃料を探し求める。そして欺瞞（ぎまん）や裏切りが横行し、最終的に法を執行する保安官もいない。

　オーストラリアの砂漠を舞台とした恐ろしいホラー映画のひとつが、グレッグ・マクリーン監督の『ウルフクリーク：猟奇殺人谷』（2005年）で、そのプロットは2001年にノーザン・テリトリーで実際に起こった事件を題材としている[20]。それは3人の若者（女性ふたりと男性ひとり）が西から東へ大陸横断

ウルフ・クリークのクレーター、西オーストラリア、2003年。

の旅に出るという点で、ロード・ムービーの要素を含んでいる。5万tの隕石(いんせき)によって形成された衝突クレーターを探検するため、西オーストラリアのウルフ・クリークへと迂回(うかい)した彼らは、車が動かないことに気づく。3人は奥地の住人ミックに「発見され」、彼は自分の家まで車を牽引(けんいん)し、修理することを申し出る。しかし、ミックは人殺しだった。彼は女たちを拷問(ごうもん)し、殺害する。男は逃げ出すが、最初は話を信じてもらえず、女たちの死体も見つからない。そうした広大で辺鄙(へんぴ)な砂漠地帯では、狂暴な殺人鬼が発覚を免(まぬが)れるのは容易なことだった。

　激しい政治闘争が繰り広げられてきた世界の高温砂漠とは対照的に、南極大陸は人びとの想像の中ではそうした政治的論争とは無縁の、科学的研究のためのterra communis（共用地）として存在し、プランクトンやペンギンがその穏やかな生態系の中に生きている。しかし、小説家の多くはこれを混乱と恐怖の場所として描いてきた。

　エドガー・アラン・ポーのゴシック小説『ナンタケット島出身のアーサー・ゴードン・ピムの物語』（1837年）（『ポオ小説全集2』収録、大西尹明訳、東京創元社）と短編小説『壜の中の手記』（1833年）（『ポオ小説全集1』収録、阿部知二訳、東京創元社）では、主人公らの乗った船が南極点へと押し流される。ピムは「宇宙の壁のような（中略）氷の城壁」をもつ超自

然的な恐怖の世界へ飛び込むが、やがて船は天から流れ落ちる霧の滝へと引き込まれ、その滝の裂け目から死装束の巨大な白い人影が現れる。そこで小説は突然終わる。短編の方にも同じようなプロットがある。語り手の船がシムーン(熱風)に襲われ、語り手と仲間だけが生き延びる[21]。シムーンによって南へ流された船は巨大な黒いガリオン船と衝突し、語り手が乗り込んだその船もまた南へ向かい、南極大陸へ近づいていく。最終的に船は氷原の中の空き地に入るが、巨大な渦に巻き込まれ、沈没する。最後に残ったのは、語り手がその冒険について記し、壜に入れて海へ投げ込んだ手記だけだった。

　こうした唐突で謎めいたエンディングは、事実と虚構、現実と超自然の間の境界が曖昧であることを示唆している。船上の生活についてのポーの描写は現実的だが、霊的な要素や船を謎めいた悲惨な結末へと向かわせることは、超自然的なものとの結びつきをより強く感じさせる——言うなれば、神の恩寵なき「老水夫行」である。

　SF作家たちも、南極大陸を宇宙に似た場所として用いてきた。そこは宇宙と同じくらい近づくのが困難で、そこを訪れる者は孤独ばかりか、その大陸がもつ宝——プルトニウム、ウラン、金、石油——を手に入れるためなら殺人も辞さない連中との遭遇、そして宇宙人の侵略さえ経験する。ジョン・W・キャンベルのSFホラー小説『影が行く』(1938年)(矢野徹・川村哲郎訳、早川書房)と、それに基づく3作の映画のうちの2作(『遊星よりの物体X』および『遊星からの物体X』)[22]は、繰り返される科学の倫理的ジレンマ——どこまで知るのが安全なのか——をテーマとしている。

　ある南極探検隊は内部に凍った生命体のいる宇宙船が氷に埋もれているのを発見し、科学者たちはそれを解凍するか、放置するか、それとも殺すかを検討する。結局、彼らはひとつの標本を解凍するが、「その物体」はたちまち研究基地の犬や人間と同化し、やがて本物と見分けがつかなくなる。この作品では、南極大陸の隔絶がプロットの重要な役割を果たしており、隊員たちを孤立無援にしながらも、最後にはその脅威を食い止める。南極のブリザードやホワイトアウトも、次々と形を変える「その物体」の謎の正体を象徴している。

各研究基地が1000km以上離れたところにあるという南極大陸の広大さと隔絶は、不正な活動や暴力を見えなくさせる。スリラー小説『アイス・ステーション』（1999年）（泊山梁訳、ランダムハウス講談社）で、作家のマシュー・ライリーは平和で利他的な科学界という神話を乱暴に破壊した。裏切りやスパイ行為、軍の殺し屋による大量殺戮に加えて、ウィルクス・アイス・ステーションに現れたシャチの群れが自然の猛威を振るう。南極大陸では、人間はもはや食物連鎖の頂点にはない。サスペンス映画の『ホワイトアウト』（2009年）には、科学者や複数の殺人、原石のままのダイヤといった要素が含まれている一方、デイヴィッド・スミスの政治的エコ・スリラー『フリーズ・フレーム』（1992年）では、フランスの南極基地のそばにある秘密のウラン鉱床が暗殺計画を引き起こし、鉱物の採掘をもくろむ国々がCRAMRA（南極鉱物資源活動規制条約）を妨害する。

　SF小説はまた、高温砂漠を過酷な地球外環境の象徴として用いることで、地球を風刺した。フランク・ハーバートの小説『デューン　砂の惑星』（1965年、1984年にデイヴィッド・リンチ監督により映画化）（矢野徹訳、早川書房）は、水分の損失を抑えるメカニズムや、砂漠がもたらすスパイス——石油を意味する隠喩——への中毒的依存といった点で、地球に酷似した砂漠の惑星を舞台としている。軍事SF映画の『スターゲイト』（1994年）は、サハラ砂漠で発掘された古代の環の装置が宇宙のワームホールを開き、他のどの惑星へも瞬時に時空移動できるという物語で、ここでは古代エジプトによく似た文明へと旅する。これらの作品では、実在の砂漠の過酷な環境が、架空の砂漠でのより破壊的な出来事を想像するための助けとなっている。

無限の感覚

　砂漠と無限性を結びつけた最初の近代作家のひとりが、フランスの「世紀末」小説家ピエール・ロティで[23]、彼はロマンティックな冒険物語や異国情緒溢れる旅行記でもっともよく知られる。1894年、彼はいくらか残っていた宗教的信仰心を取り戻すため、聖地への旅に出た。結局、この目的は果たせなかったものの、彼はそれを3巻からなる情熱的な旅行記にまとめて出

版した。第1巻の『砂漠（The Desert）』（1895年）には、シナイ山やアラビアの砂漠、旧約聖書の「荒野」ジェベル・エル・ティーを経由してスエズからガザへ向かった2ヶ月間の巡礼の旅が記録されている。ロティはこれらの砂漠の静けさ、広大さ、無限さを次のように書いた。

> 人は光と空間に酔いしれる。（中略）ただ呼吸し、ただ生きていることしかできないというめくるめく陶酔を知る。その静けさにいくら耳を澄ませても、鳥のさえずりも、ハエの羽音も、何も聞こえない。なぜならどこにも生き物はいないからだ。
> （中略）新たな空間が四方に広がっている。その莫大さを示すこの明白な印は、荒野とは何かということに対する私たちの理解を深め、同時に私たちをさらに脅かす。（中略）人は永遠の宇宙や時間と真に結びついているような錯覚を起こす[24]。

　砂漠はまた、内的な心の旅をするための外的な場所としても機能する。1910年、英国の生物学者エリオット・ラヴグッド・グラント・ワトソンは、西オーストラリアの砂漠で6ヶ月間をひとりで過ごした後、オーストラリア北西部のアボリジニー文化を研究するためにラドクリフ＝ブラウンの人類学探検に加わった。砂漠の孤独というこの強烈な体験は、西洋文明と自然（砂漠に象徴される）というふたつの対抗勢力が、ヨーロッパの精神を支配するために根源的かつ神秘的な戦いをするという六つの小説を生み出した。小説『砂漠の地平線（Desert Horizon）』（1923年）とその続編『ダイモン（Daimon）』（1925年）では、ふたりの主要な登場人物が砂漠に対して魅力と恐怖を交互に感じるが、それはワトソン自身の心の葛藤を再現したものだ。ヨーロッパの入植者にとって最大の恐怖である砂漠の空虚な広がりは、ワトソンにとっては好意的な性質であり、それは霊的な目覚めや砂漠への「神秘的な親近感」を得るための準備として、物的財産を放棄させようとする[25]。
　ランドルフ・ストーの小説『トルマリン（Tourmaline）』（1963年）は、西オーストラリアの砂漠にある架空の町を舞台として、

砂漠を古さや広大さ、不毛さと結びつける催眠術のような描写から始まる。

　これほど古びた土地はない。そのため、そこはぼんやりと赤みがかっていて、不毛で、平坦で水のない崩れた山の断片が散らばっている。スピニフェックスは生えているが、干からびて黄ばんでおり、木はまばらにしかなく、ほとんど木とも呼べない。アカシアのような木があるにはあるが、葉が針状に痩せ細り、根元から扇型に広がっても日陰にならない[26]。

　ストーは道教の中心的な書物である「道徳経」に強い影響を受け、『トルマリン』では、砂塵(さじん)による消滅に絶えず脅かされる砂漠という地形が、物事の無限の変化を象徴している。語り手のアイデンティティーのみならず、町の外的な目印をすべて虚無と流転の中に消し去る砂嵐の力強い描写には、「大地と道(どう)はひとつである」という道教の中心的信条が込められている[27]。言葉や言い回しも、物事が流転するように流れ、繰り返される。

　すべてのものは流れ流れて、実体をもたなかった。オベリスクもホテルも塵を抜けて現れては、一瞬のうちに溶けてなくなった。(中略)
　　それは氾濫した川の中を泳いでいるようなものだった。砂塵が私の肺に入り込んだ。私は溺れかけていた。(中略)そこには何もなかった。ただ世界を飲み込んだ赤い洪水の中を泳いでいる自分がいた。(中略)これが世界の終わりでないとしたら、何だというのか[28]。

　『トルマリン』は力強い作品だが、オーストラリアの砂漠を心理的葛藤や魂の探求、そして最終的啓示のための劇的な舞台に変えたのは、パトリック・ホワイトの小説『ヴォス：オーストラリア探検家の物語』(1957年)(越智道雄訳、サイマル出版会)だった。19世紀の砂漠の探検家ルートヴィヒ・ライヒハルトやエドワード・ジョン・エアを部分的にモデルとした主人公ヴォスの成長は[29]、その態度の変化によって示される——「絶対的

な権利」によって砂漠をみずからの肉体と知性で征服しようとしていた彼は、大地の霊的な広がりを感じ取るアボリジニーと同質の何かに到達する。精神的にも霊的にもヴォスの旅を共有するローラ・トレヴェリアンは、彼にとっての砂漠の魅力は自己の拡大だと考える——「［あなたは］それほど他の人たちとかけ離れてるんです。だからこそ、あなたは砂漠の眺めに惹かれるんですわ。そこだと、あなたのような精神状態は（中略）崇拝すらされるでしょうから。（中略）いっさいがあなた自身のためにあるんです」[30]（『ヴォス：オーストラリア探検家の物語』越智道雄訳）。しかし、最後の瞬間、迷いから覚めたアボリジニーの少年による斬首（ざんしゅ）を待ちながら、ヴォスはついに「砂塵の中で自分の卑小さを知り、ローラが彼に望んだであろう信条を受け入れる」[31]。

　こうした小説の主人公たちは、多くの砂漠の探検家や旅行家たちがそうだったように、物理的な意味での冒険をしたばかりではない。イーフー・トゥアンの言葉を借りれば、彼らは安全で家族的な世界から「巨大で威圧的で冷淡な」世界へと、内面的な旅もしたのであり、そこでは自己の喪失——たとえそれが一時の恍惚（こうこつ）を与えるとしても——が死を意味する。「砂漠や氷原を旅する探検家たちは、半分は刺すような美しさに心を奪われ、半分は死に心を奪われていると言えるかもしれない」[32]。同じような洞察によって、ホワイトは『ヴォス』の最後でローラにこう言わせている——「知っているといっても、決して地理的なことじゃなくて。まるで正反対よ。自分の国について知るってことは、地図なんかをはみだしてしまうほど大きいことなのよ。たぶん本当の知識ってものは、国の精神の［坩堝（るつぼ）］で責めさいなまれて死ぬことで初めて得られるものじゃないかしら」[33]（同前）。

デイヴィッド・ロバーツ、『王家の墓、ペトラ』、1839年、リトグラフ。

ジャン＝レオン・ジェローム、『オイディプス、あるいはエジプトのボナパルト将軍』、1867年～68年、油彩、キャンバス。

第 8 章　西洋芸術における砂漠

これらの絵は南極大陸には見えない。なぜなら不可能だからだ。ただ、それらしい雰囲気はある。（中略）この場所に見慣れた風景はなく、木々も建物も人びともない。それは巨大なものから微細なものまで同じパターンが繰り返されるフラクタルな景観であり、規模を感じさせるものは何もない。（中略）すべてを目にすることはできても、理解することはほとんどできない。
（クリスティアン・クレア・ロバートソン）

　砂漠の土着民の芸術は、宗教的なものがほとんどで、大地に宿る霊的な存在や創造的な力などが描かれた。だが、西洋人の目は対象を違った視点で見るように訓練された。視覚的、物質的な世界に意識を集中し、空と地理的特徴をもった大地、形ある物体、そしてそこに集まる人びとを、垂直の「一枚の」絵に描こうとした画家たちは、遠近法のルールに基づいて大きさを決めた。一方、ルネサンス以降のこうした西洋芸術の伝統的技法は、砂漠の特徴である「空虚感」を描くには不向きだった。その比較的特徴の少ない地形や、遠くの物体がすぐ近くにあるように見える幻影を生み出す、澄んだ乾いた空気は、遠近法や景観構成の伝統様式を覆すものだ。
　本章では、北アフリカおよび中東、北米の砂漠、オーストラリア、そして南極大陸といった四つの地域を取り上げる。西洋の画家たちはそこで異質な景観に立ち向かい、新しい技法を考え出すだけでなく、ときには新しい見方を取り入れることを求められた。

オリエンタリズム

　20世紀に入るまで、ヨーロッパ人にとっての「砂漠」とは北アフリカか中東を意味し、それは古代の偉大な文明を連想させる地域だった。文化的特徴に恵まれたこれらの土地は、芸術表現の脅威(きょうい)とはならなかった。ピラミッドやスフィンクスといった象徴的建造物は見る者の注意を引き、平坦な地形から立体的な構図を生み出した。さらに、画家たちは必ずといっていいほどその当時の民族的有力者か、歴史や聖書の重要人物を作品に登場させた。

　1812年にペトラへ、そして1814年にメッカへ旅したブルクハルトの報告は、スコットランドの画家デイヴィッド・ロバーツをこのテーマへの投資に駆り立てた。1838年、彼は貯金のすべてを費やしてエジプトを訪問した。彼と彼の一行はさらにラクダでシナイ砂漠を渡って古代の聖カタリナ修道院を訪れ、そこからアカバとペトラを経由してエルサレムへ向かった。ロバーツによるペトラのスケッチは、この驚くべき都市が西洋の目に触れた最初のイメージとなった。彼は効果を出すためなら平気で正確さを犠牲にし、王家の墓を見せるために岩壁を取り払ったり、空を背景に修道院の輪郭を描くために山を斜めに切ったりした。彼のスケッチをまとめた膨大(ぼうだい)な作品集はリトグラフとして出版され、大きな称賛と利益を呼んだ。これらの作品は、この山岳地帯の筆舌に尽くしがたい不毛さを初めて伝えるものとなった。『シナイ山の眺め』（1839年）では、鋭く尖った山々を背景に彼の一行が前景に描かれている一方、聖カタリナ修道院の絵ではその極端な隔絶感が強調されている。実際、修道院には入り口がないため、ロープのついた籠(かご)を使って9.1m上の開口部から入るしかない。

　ナポレオンのエジプトでの軍事作戦（1798年〜1801年）は、現地の科学的・文化的探検へと発展し、オリエンタリズムの流行を生み出した。彼の数々の作戦による戦利品は美術館や博物館で人びとを驚嘆させ、それに刺激を受けた建築家たちはオベリスクやエジプト風の円柱、スフィンクスのような装飾を再現した。エジプトをめぐる芸術表現は、フランスの画家ジャン＝レオン・ジェロームやウジェーヌ・ドラクロワ、テオドール・ジェリコーをはじめとして、急激に拡大した。ジェロームの『オイ

ジェイムズ・ティソ、『東方三博士の旅』、1886年〜94年、水彩スケッチ。

ディプス、あるいはエジプトのボナパルト将軍』（1867年〜68年）は、馬に乗ったナポレオンがひとり、荒野でスフィンクスと対峙(たいじ)している様子を描いたもので、これは皇帝を賛美するとともに、その砂漠が帝国支配の届かないところにあることを暗示している。

　エジプトやモロッコを訪れたヨーロッパの画家たちは、その輝くような光と強烈な色彩に心打たれた。アラブ人を描いた街の風景をはじめ、ピラミッドやスフィンクス、サルダナパルスからクレオパトラといった歴史上の偉大な人物は、聖書と同様、芸術表現の一般的なテーマとなった。聖書の本物の場面を描きたいという熱意から、画家たちはそのヨーロッパ大陸巡遊旅行に中東とエジプトを含めるようになった。

　フランスの画家ジェイムズ・ティソは、ある宗教的体験をした後、それまでヨーロッパの風景や衣装によって表現されていた聖書の場面を正確に描くため、エジプトとパレスティナへ旅した。彼の350点の水彩画からなる『キリストの生涯』は、フランスでカトリック復興運動が高まっていた1894年にパリのサロンに出品され、絶大な評判と尊敬を集めた。このシリーズは贅沢(ぜいたく)な挿絵の入った「ティソの聖書本」（1896年）として出版され、原画は1900年にブルックリン美術館に買い取られた。『東方三博士の旅』（1886年〜94年）は、信憑性(しんぴょう)とドラマ性

第8章　西洋芸術における砂漠

を兼ね備えたティソの典型的な作品で、金色の衣をまとった3人の人物がラクダで石だらけの道を前進し、その後ろにラクダと従者たちの一団が不毛な麦藁(むぎわら)色の丘を縫うようにして続いている。

　一方、砂漠の神秘性や象徴性に刺激を受けた画家たちもいた。米国の画家エリュー・ヴェッダーの『スフィンクスに問いかける人』（1863年）では、ギザのスフィンクスの前にひざまずき、その口元に耳を押し当てて答えを待つエジプト人の周囲に、頭蓋骨や折れた古代の円柱といった有形の神秘が散らばっている。また、ギュスターヴ・アシーユ・ギヨーメの『サハラの晩の祈り』（1863年）では、黒いテントの外にひざまずいて祈りを捧げるベドウィンの一団が描かれているが、『サハラ砂漠』（1867年）ではそうした単純なリアリズムが拒絶されている。平らな地平線の向こうに、ラクダに乗った男たちの一団が蜃気楼(しんきろう)のように浮かんで見えるが、その陽炎(かげろう)のせいで姿はほとんど判別できない。彼らが向かう前景に描かれたラクダの死骸(しがい)は、砂漠ではそうした最期が避けられないのかという問いを暗

エリュー・ヴェッダー、『スフィンクスに問いかける人』、1863年、油彩、キャンバス。

178　Desert

ウィリアム・ホルマン・ハント、『贖罪の山羊』、1854年〜56年、油彩、キャンバス。

に投げかけている。

　英国の画家ウィリアム・ホルマン・ハントは、ラファエル前派のひとりで、彼もまた宗教的テーマに関連して自然を探求しようとした。象徴主義的な作品『贖罪の山羊』(1854年〜56年)を描くため、彼はイングランドから綱につないで連れてきた山羊とともに、片方の手に絵筆を、もう片方の手にアラブ人の襲撃を阻止するための銃を持って、死海のそばに何週間も座り込んだ[1]。この作品では、前景に腐りかけた植物や動物の骨が散乱しているのだが、こうしたリアリズムの要素は批評家たちの怒りを買い、彼らはこの寓意的な構図を、とくにその不運な山羊を、キリストの犠牲を卑しめるものと見なした。全体として、パレスティナはヨーロッパの画家や作家にとって期待外れだったようだ。「物理的に見ると、エルサレムはこの世でもっとも不快で忌むべき場所であり、(中略)むさ苦しさと不潔、騒がしさと不安、憎しみと悪意、そして無慈悲そのものに満ちた悪夢のようなところだ」と、エドワード・リアは書いている[2]。そのため、聖書を題材としていた画家たちは、壮麗さとドラマ性、そして最新の考古学的発見に恵まれたエジプトを舞台とする旧約聖書のエピソードに目を向けた。

　ただ、砂漠そのものがこうした絵画の中心になることはめったになく、それは建造物であれ物語であれ、むしろ何か他の焦点の背景となった。画家たちは地元の有力者や聖書の場面、あ

るいは歴史的記念物に意識を集中し、その荒涼たる無限の広がりには目を向けなかった。結局、空虚な砂漠は、西洋の伝統的な風景画の技法では描き切れないと考えられた。20世紀のモダニズムの発展とともに、新しい「視点」が用いられるようになったが、オーストラリアのジョージ・ランバートのような一部の戦争画家を除いて[3]、その頃には画家たちはすでにエジプトやパレスティナに飽きており、それを復活させるだけの理由も見つからなかった。

北米の砂漠

　北米の画家たちが砂漠に関わるようになったのは、1848年にメキシコ戦争が終わり、国境線を見直すために測量チームが派遣されてからのことだった。彼らに同行したのが、画家のヘンリー・チーヴァー・プラットだった。彼のパノラマ的油絵『ヒラ川近くのマリコパ山からの眺め』（1855年）は、遠近法のルールを忠実に守り、遠景に山々、中景に広々とした空間が配されているが、前景には開花した巨大なサワロ・サボテンの先端部が大胆に描かれている。サボテンから一本の矢がぶら下がっているのは、中景にぽつんと見える地元先住民がよくやる的当てゲームによるものである。当初、この絵はそんな巨大なサボテンが本当に砂漠で生き延びられるのかといった不信感に近い驚

ヘンリー・チーヴァー・プラット、『ヒラ川近くのマリコパ山からの眺め』、1855年、油彩、キャンバス。

きを呼んだが[4]、それは雄大な地形や果てしない平原、そびえ立つ植物を継承するものとして、次第に米国の「明白な運命」という国家主義的体制の中に組み込まれていった。

　1900年代初めから1950年代にかけて、何百人もの画家たちがカリフォルニアの砂漠へ移住し、砂丘やその地域に自生するチョーヤと呼ばれる円柱状のサボテンを描いた。ジェイムズ（ジミー）・スウィナートンは1920年代に南西部の州を旅するようになり、カリフォルニアやアリゾナ、ニューメキシコで砂漠の風景を描いた。彼は荒涼たる四大北米砂漠の乾いた不毛地帯をとらえ、その広大な空の下に広がる巨大なビュートを、魅力と神秘を有した姿として表現した。スウィナートンと同時代の画家コンラッド・バフは、モダニズムのレンズを通してザイオン国立公園の景色を眺め、その見事な色彩と力強い筆遣いによって、幾何学的でキュービズムのような色彩のブロックを生み出した。

　しかし、米国のもっとも有名な砂漠画家はジョージア・オキーフだった。1929年から毎年、ニューメキシコへ絵の旅をしていた彼女は、1949年、その入り組んだ砂漠の山々に魅せられ、ついにその地へ移って永住した。「私を魅了したのはそこの丘の形状だった。黒っぽいメサを背後にした赤みのある砂丘」[5]。砂漠の澄み切った、乾いた空気は距離感を消し去り、遠くの丘が近くにあるような錯覚を引き起こした。オキーフはこの錯覚を連続した地層の後退において表現し、『ニューメキシコ、アビキュー付近』（1930年）にあるように、淡色の筋と暗色の筋を交互に描いた横縞が視覚的な奥行きを出している。また、オキーフには砂漠に横たわる動物の死骸が砂漠に不可欠な要素のように思われた。彼女はこう書いている。

> 私にとって、それらは私の知っている何よりも美しい。奇妙なことに、私にはそれらが歩き回っている動物よりも生き生きと感じられる。（中略）たとえ砂漠が無限で、空虚で、手の届かないものだとしても、そして美しくも無慈悲なものだとしても、[それらは] 砂漠の生命力の源として研ぎ澄まされている[6]。

ジョージア・オキーフ、『雄羊の頭、白いタチアオイ、丘』1935年、油彩、キャンバス。

　初期の頃、オキーフは細部まで描かれた花のクローズアップを制作した。矛盾するようだが、彼女は広大な砂漠を表現するために、これと同じ技法を用いた。『雄羊の頭、白いタチアオイ、丘』(1935年) のような作品では、骨であれ山であれ、ひとつの要素がごく細部まで観察され、それが何の脈絡もなく枠いっぱいに拡大されている一方、『黒いメサの風景、ニューメキシコ／マリーの家の外』(1930年) のような抽象的で洗練された作品では[7]、砂漠の物質的立体性や無限性が、壮大で超自然的ともいえるタッチで表現されている。

　写真は、砂漠に色と構図の両方の点で新しい奥行きをもたらした。1888年に創刊されたナショナル・ジオグラフィック誌によって一般化したカラー写真は、それまで草木が生えていないとしか思っていなかった人びとに、豊かな赤い砂漠の鮮烈な印象を与えた。同じく北米の文化的歴史に大きな影響を与えたのが、アンセル・アダムズによるネヴァダ砂漠やグランド・キャニオン、デス・ヴァレー、ヨセミテ国立公園のモノクロ写真だ。彼の高解像度の写真は自然の雄大さと緻密さの両方を伝え、米国の国家的アイデンティティーの象徴となった。アダムズの作

品は、一見すると自然に見えるが、実は写実的ではなく、彼のいう崇高(サブライム)なものの「精神的・感情的側面」を生み出すために、人為的な照明や遠近法が用いられた。見る人の感情に訴えるような彼の写真は、しばしば実際にその場所を訪れるよりも強い力をもち、人びとのそうした景色への「見方」に大きな影響を与えた。原野や孤独を味わう機会が失われることを嘆いたアダムズは、みずからの作品を利用して、1892年にジョン・ミューアによって設立された環境保護団体シエラ・クラブの活動を促進した。やがて彼は自然保護運動のカリスマ的人物となり、国立公園の建設や、砂漠をはじめとする原野地域を開発計画から守ることを率先(そっせん)して訴えた。彼の写真は今も書籍やカレンダーとして流通し、私たちが自然を破壊することなく、それと調和して生きることができるという哲学を広めている。

オーストラリアの砂漠

　中央オーストラリアの砂漠は、近づくことが困難だったため、最初にそこへ到達したヨーロッパ人は探検家や測量画家たちで、彼らは地形図の作製技術を平坦で特徴のない砂漠に応用しようとした。だが、彼らがそれに挫折したことは、エドワード・フロームの水彩画『トレンズ湖と呼ばれる塩砂漠の最初の眺め』（1843年）を見れば明らかで[8]、とくにそのタイトルの「と呼ばれる」の表現には皮肉が感じられる。南オーストラリアの測量局長官だったフロームは、この絵で自分か自分の助手が単調な現場を調査している姿を描いており、それがこの作品の唯一の焦点となっている。何か地理的特徴がないかと望遠鏡を覗き込む姿は、かえってこの砂漠の平坦さを強調している。この絵の荒涼とした雰囲気は、ただ塩砂漠を「湖」と呼ばせる自然の欺瞞(ぎまん)によるものである一方、その精神的落胆の原因は入植者たちの希望が挫(くじ)かれたという外部の事情にある。

　探検旅行のメンバーに選ばれた最初の職業画家はルートヴィヒ・ベッカーで、彼は1860年、オーストラリアを南北に縦断する旅へ出発した悲劇のバーク・ウィルズ探検隊の一員だった。画家であると同時に博物学者でもあったベッカーは、砂漠の動植物を緻密に描いた学術的スケッチと、非常に示唆(しさ)に富む風景画を残した。カスパー・ダーヴィト・フリードリヒを崇拝して

ルートヴィヒ・ベッカー、『荒涼キャンプ付近の泥砂漠の境界』、1861年、水彩、紙。

いた彼は、オーストラリアでロマン主義の崇高な(サブライム)ものを見た最初の画家だった。

彼のもっとも大胆な構図のひとつが『テリック・テリック平原の横断、8月29日、1860年』（1860年）というスケッチで、これは地平線の向こうの見えない中心点から続く男たちの行列が、二手に分かれて進んでゆく様子を描いている。左の列にはラクダにまたがった男たち、右の列には馬や幌馬車に乗った男たちが描かれ、その間で跳びはねる馬のビリーに乗っているのが隊長のバークである。ラクダの列が進む先には牛の骸骨が転がっており、この探検隊の悲惨な結末を予兆しているようだが、ベッカーには知る由もなかった。人間も動物も平原に浮かぶ逃げ水のせいで曇った表情をしているが、後から考えると、これもこの探検隊の運命に影を落としている。

一行を欺き、落胆させる蜃気楼は、ベッカーにとって、形而下の経験を超えた現実を象徴していた。『荒涼キャンプ付近の泥砂漠の境界、1861年3月9日』で、彼は蜃気楼の効果を用いて、私たちの目をも欺こうとしている。ディンゴやエミュー、そしてひび割れたり、渦巻いたりしている泥は、私たちにこの場面が現実であるかのような確信を与えるが、明るい光から浮かび上がるラクダの男たちの姿は、むしろ遠くに映る湖や木々の幻とつながっている。真昼のまぶしい光の描写は、ベッカー自身が光を表現することに興味を引かれた一方で、J・M・W・ター

184　　*Desert*

ナーの影響があったとも考えられる。

　探検隊の隊長バークから組織的ないじめを受け、暑さとハエに悩まされ、過酷な探検や画材の不足に苦しめられながらも、ベッカーはその繊細で半透明の風景を表現するために、間に合わせの道具をこしらえた。アカシアの樹液の代わりにユーカリの樹液をつかって絵の具をつくった彼は、陰影を表すために墨汁で細かく網状線を描いたり、透明感を表すために薄くニスを塗ったりして、絵の表面を演出した。こうした魅力的な水彩画は、この軽率で不運な探検が残した、もっとも永続的で意義深い遺産である。

　砂漠を表現する上での次なる進歩は、都会的な芸術運動であるモダニズムを通して生じ、そこでは明確なライン、幾何学的なフォルム、そして平坦な色彩のブロックが強調された。モダニズムとオーストラリアの砂漠を結びつけた最初の画家はハンス・ヘイセンで、彼はナショナリズムの象徴とされたユーカリを感動的に描き、早くから大きな成功を収めた。1926 年、ヘイセンは南オーストラリアのフリンダーズ山脈を訪れ、その乾いた空気がもたらすクリアな視界、実際より近くに見える山や岩の鮮明な輪郭、ほとんど草木のない景色がつくるモノトーンの幾何学的な形状に驚いた。彼は仲間の画家にこう手紙を書いている。

> 私がここへ着いて最初に感じたのは、空間の広がり、単純さ、そして輪郭線の美しさだった——その平面的な光、物体の明確な境界。距離は人の目を欺き、前景と中景の間に感知できるほどの差はない。（中略）スケールが重要な相対因子となる[9]。

　ヘイセンが描きたかった巨大な岩石層などの特徴は、彼の絵の中で遠くに位置づける必要があったため、必然的にそのフォルムは単純化され、その形状が強調された。彼は結果として生み出された現代アートのような風景に魅了され、こう書いた——「ここにはすでに出来上がった景色があり、それは『まさに君たち現代人が描こうとしているものがある』と言っているようだ。澄み切った透明な空を背景に、鋭く、大きく、シンプ

シドニー・ノーランの『マスグレーヴ山脈』（1949 年）と、ラッセル・ドライズデールの『中国の壁』（1945 年）を複製して 1985 年に発行されたオーストラリアの切手。

ルなフォルム、そしてどこまでも続く空間の広がり」[10]。とくに巨大な砂岩の一枚岩や破砕岩に心を奪われたヘイセンは、『ブラキナ渓谷の守護者』（1937年）のように、それらを日照りのときにだけ描いた[11]。実際、雨後に同じ地域を訪れ、新しい草が生えているのを見つけた彼は、それに「ひどく心を乱し、調和を乱すもの」を感じ、絵を描こうとしなかった[12]。

　砂漠にさらなる新しい視点を与えたのがラッセル・ドライズデールで、彼は平坦で空虚な大地と単調な空を表現することの技術的問題に正面から立ち向かった。茶色、黄色、そして赤褐色の空という彼のモノクロ的なトーンは、『中国の壁』（1945年）に見られるように[13]、大地と空の抑圧的統一によって生まれる閉塞感（へいそく）を伝えた。自然主義との結びつきを断った彼は、その殺伐（さつばつ）とした不毛な景観をシュールレアリスムの世界に変えた。そこに住んでいるのは、この過酷な大地から爪で引っかき出したような痩せ細った人間だが、彼らはそれでも軽やかな態度でその最小限の存在を示そうとしている。『犬に餌をやる男』（1941年）では[14]、細長い枯れ木の幹と壊れた車輪、枝からぶら下がった椅子によって荒涼とした風景が描かれている一方、優雅なグレーハウンドが餌をもらおうと嬉しそうに跳ねている。

　ドライズデールの表現する砂漠には、しばしば入植者たちが捨てていったがらくたが描かれている。鉄くずや壊れた風車、錆びたブリキ板やパイプなどは、中景に描かれたエミューの姿とともに、シュールな風刺画のような像を形づくっている。

　ヘイセンは砂漠の形状に革命をもたらし、ドライズデールは色彩に革命をもたらしたが、オーストラリアの砂漠を描く上でもっとも大きな変化をもたらしたのは、飛行機の旅だった。それはかつて多くの探検家たちの命を奪った砂漠の広さと地形を、ひと目で俯瞰（ふかん）することを可能にした。こうして砂漠の全体像がつかめるようになると、その描写は輪郭線と抽象的パターンに単純化された。オーストラリアの砂漠を空から描いた最初の画家は、シドニー・ノーランだった。1949年にマスグレーヴ山脈からエアーズ・ロック（現在のウルル）へと空の旅をした彼は、「その風と荒涼たる様子と驚くべき光にひどく興奮し、同時にひどく嫌悪感を抱いた」[15]。この空からの眺めを描いた作品では、火山クレーターのような古びた赤っぽい丘が果てし

なく広がり、大陸全体が広大な地球表面のうねりを示す起伏地図のように続いているという錯覚が生まれる。濃い陰影をつけることによって、ノーランは入り組んだ地形が人の目を欺くような印象を与えた。彼が用いたリポリンと呼ばれる速乾のエナメル塗料は、絵に驚くほどの艶をもたらし、明るい光と熱の輝きがうまく表現されている。

ノーランの描く砂漠の風景は居住に適さない土地を表し、彼自身もそれをこう呼んだ。

> 地球上の居住に適したどの地域よりも過酷で、(中略) 荒涼とした不毛な地。赤みがかった砂漠が何千マイルも続き、ときどき何頭かの死んだ動物の骨と、かつて金を探していた者がつくろうとした町の残骸が見えるだけだ[16]。

ただ、彼の作品は感情から切り離されたものであるにもかかわらず、そこにはひとつのコンセプトがある。ノーランは後にこう述べた——「私は『枯れた心』という平凡な概念を皮肉っぽく表現したかった。(中略) 私は砂漠の偉大な純粋さと冷酷さを描きたかった」[17]。彼はオーストラリアの砂漠の個性と普遍性、時局性と永遠性を合わせもつ新しい神話をつくり、それは他のどの画家にも真似できないものだった。

ノーランは探検家のバークとウィルズの人物像にも興味を引かれた。彼らが縦断した不毛の地を空から眺めたノーランは、ふたりの決意に深い尊敬の念を抱いた。ただ、19世紀の英雄的イメージを踏襲することはせず、彼は荒野に迷い込み、不安に脅かされるふたりを、この異質な大陸に適応できなかったヨーロッパ人の典型として表している[18]。美術評論家のバレット・リードはこう述べた。

> ノーランの見方は悲劇的なものだ。それは残酷にあざ笑い、(中略) 月面のように荒涼とした広大で不毛な精神世界を占めている。(中略) それはアウシュヴィッツの後の静けさである。それは誰にも否定できない、当時の経験の中心的事実である[19]。

第 8 章　西洋芸術における砂漠

南極大陸

　南極大陸は、オーストラリアと大きく異なるにもかかわらず、画家たちに同じような問題を突きつけた。つまり、氷の砂漠は中央オーストラリアの砂漠以上に特徴がないため、その空虚感や単調な白さ、遠近感のない空間を描くという難題は、最初から画家たちをひるませた。歴史家のスティーヴン・パインが述べているように、「南極大陸の単純さはそれ自体が異質なもので、(中略)氷に覆われた内陸の風景はどんな見慣れた風景とも似ていなかった。(中略)［それは］抽象的でミニマルで、概念的なものだった」[20]。南極大陸の風景は、そこに何があるかではなく、そこに何がないかによってインパクトを与える。

　18世紀の海洋航海に同行した地形図画家たちにとって、南極大陸の海岸線は不毛な白い広がりにしか見えなかった。視覚的にそれよりずっと興味を引かれたのは、漂流する氷山の幻想的な形や色彩だった。クックの第2回太平洋航海に同行した画家のウィリアム・ホッジは、南極大陸のイメージを初めて世に広めた絵のひとつ、『1773年1月9日に見た氷の島』を描いた[21]。この絵は動きに満ちている。右手に巨大な氷山がそびえ立つ一方、前景中央では、漕ぎ舟に乗った水夫の一団が水を確保するために小ぶりな氷山を切り崩そうとしている。別の舟では、博物学者ヨハン・ラインホルト・フォルスターか彼の息子ゲオルクと思われる男性が、旋回する海鳥を食料か標本にするために銃で狙っている。中景にはクックの船レゾルーション号

ウィリアム・ホッジ、『1773年1月9日に見た氷の島』、ジェイムズ・クックの『南極海航行記』(1777年)より。

が堂々たる姿で停泊している。ただ、その優雅で美しい構図では、氷山の壮麗さは伝えているが、氷棚の表現の難しさは無視されている。

これよりさらに心を揺さぶったのが、コールリッジの詩『老水夫行』（1876年）のために描かれたギュスターヴ・ドレの想像力豊かな挿絵だった。第6図の「あたり一面氷だらけだ」で、ドレは帆桁(ほげた)からつらら(したた)が滴り落ちる幽霊船を描いている（150ページ参照）。ゴシック調のこの詩にふさわしく、船は「マストの高さ程の」氷山によって完全に閉じ込められ、その上では月の虹が氷壁の間に弧を描き、船の向こうではアホウドリがぼんやりと舞っている。

オーストラリアの場合もそうだが、画家が南極大陸への遠征に同行することを許されたのは、探検家らが後に出版する手記に挿絵をつけるためであり、その利益は抱えた借金を返すのに重要だった。こうした科学的報告書は挿絵に向かないもの（風や気温、地震の測定）か、動植物の研究に関連したものかのどちらかだった。画家は隊員たちが自然と勇敢に戦っている様子を描くことを任された。風景を描くことは重要とされず、そもそも可能とさえ思われなかった。

南極探検隊に同行した画家たちは、後方支援の困難にも悩まされた。極寒の中では絵の具も指も凍ってしまうため、彼らはチョークを使ったり、鉛筆でスケッチしたりして、後で水彩を施(ほどこ)すときのために使う色を注釈に記しておかなければならなかった。だが、「英雄時代」の写真家たちはこれ以上の困難に苦しんだ。重さ100kgにもなる彼らの装備には余分のそりが必要で、それはたいてい人間が引いた。一方、唸(うな)り声を上げる強風や頻繁(ひんぱん)なブリザードは取りつけたカメラの安定性を損(そこ)ない、視界をゼロにした。ちなみに、ホバート港には彫刻家スティーヴン・ウォーカーによるルイス・ベルナッチとその犬ジョーの銅像が立っているが、彼らを取り囲む機材は当時の南極写真家の装備一式を忠実に表現したものだ[22]。また、晴れた日には氷のグレアで目がくらみ、乾いた空気は遠近感を失わせた。そのため、「英雄時代」の写真家の多くは船や小屋、人間に焦点を当てた。

氷山も、とくに幻想的な形をしたものは写真映えすると考え

ジェイムズ・フランシス・ハーリー、『氷に阻まれるエンデュアランス号』、1915年、ゼラチン乾板。

られ、1910年から13年にかけてスコット探検隊に同行したハーバート・ポンティングは、ポーズを取る隊員たちのフレームとして氷穴を使ったが、概して、氷そのものは被写体に不向きとされた。モーソン探検隊とシャクルトン探検隊に同行したフランク・ハーリーは、何枚かの見事な写真を残したが、もっとも有名なのはシャクルトンのエンデュアランス号が叢氷(そうひょう)に阻(はば)まれた写真である。これを撮影するために、ハーリーは船の帆柱と帆桁、そしてその船体に沿って遠隔誘発できる照明装置を並べ、事実上、それを南極の夜の闇に浮かぶ巨大なフラッシュ・ボックスに変えた。

　しかし、この「英雄時代」のもっとも優れた作品は、スコット探検隊の医師で博物学者だったエドワード・ウィルソンによる繊細な水彩画だろう。自然現象を描いたその絵は、科学的な正確さと芸術的な美しさを兼ね備え、彼がオーロラや幻日、幻月(「用語解説」を参照)といった天体の事象にいかに魅了さ

れていたかを示している。スコットの第一回南極探検で使われた船ディスカヴァリー号を描いた上品な絵は、前景でペンギンが氷棚から飛び降り、幻日が船の索具（さくぐ）を取り囲み、海鳥が船の上を旋回するという構図で、ロス氷棚にかかる幻日の野外スケッチからもわかるように、南極点へ向かう途中でなされた念入りな観察に基づいている。スケッチの脇には、幻日の環の色合いと輝きが言葉で記されており、もしウィルソンがこの旅から生きて帰ったなら、水彩を施すときに参照していただろう。崇拝するターナーと同じく、ウィルソンはこうした状況——氷の海から反射する光、エレバス山から噴き出る蒸気の雲、オーロラの光のショー、幻日、月暈（げつうん）、山々の屈折像や蜃気楼——で、敢（あ）えて光を描くという挑戦に心惹かれた。

　第二次世界大戦後に南極探検が再開されたとき、重視されたのはやはり報告書や証拠書類の作成で、芸術表現の手段もナショナル・ジオグラフィックやオーデュボンといった雑誌に依頼された写真、その後はテレビ向けのドキュメンタリー映画が主流となった。もはや画家の居場所はほとんどないように見えた。しかし、1963年、シドニー・ノーランは米国の支援の下、南極大陸の芸術的記録をつくるためにマクマード湾基地へ飛んだ。オーストラリア大陸の骨組みを示し、バークとウィルズという伝説的探検家の人物像を表して、同国の砂漠を神話の舞台に変えたノーランは、空から南極大陸を見てすぐ、そこにオーストラリアとの類似点を見出し、南極もまた広大で不毛な空間であることを知った。そのため、彼の描いた南極大陸の風景の多くは、『氷河』（1964年9月2日）のように、空からの視点を感じさせる。中央オーストラリアの場合と同じく、ノーランは山脈を背骨とする南極の地理的骨格に注目したが、この作品では静止状態ではなく、深い青緑色の氷の川がふたつの氷山の間をうねるように進むという動きを描き出している。南極とオーストラリアの類似点は、彼の探検家のイメージにも及んでいる。半透明の氷のフードをかぶり、目玉をぎょろつかせてこちらを見つめる『探検家（Explorer）』（1964年）は、彼らがオーストラリアの砂漠に嘲笑（ちょうしょう）されたように、南極の氷の世界に嘲笑されているように見える。

　探検画家たちが天空の事象——地上の風景とは反対に、色彩

と動きに満ちていた——に注目した一方で、現代の画家たちはこれを科学写真家に任せ、氷そのものに焦点を当てた。彼らはその屈折した色合い、その変わりやすさ、その造形の限りない多様性に魅了され、こうした現象をひび割れた現実というポストモダンのヴィジョンを通して描いている。

　1970 年代、英国の画家デイヴィッド・スミスは南極大陸で 12 ヶ月を過ごした。あらゆる層や形状を包む込む氷に魅了された彼は、その構造を具象的かつ抽象的な絵に表現している。『海の凍結（The Sea Freezing）』（1975 年〜 76 年もしくは 1979 年〜 80 年）は、青色の習作で、海面に薄い蓮葉氷が形づくられる様子を描いている。蓮葉氷の輪郭を縁取る小さな白い点は、互いにぶつかり合う氷の動きとその縁から反射する光を表し、海が絶えず動いているような印象を与える。スミスによれば、氷は無色であるどころか、あらゆる源の色を反射し、その多くの面と角度から光を屈折させることにより、独自のレインボー効果を生み出している。『低い太陽と氷山（Low Sun and Icebergs）』では、氷の色調として一般に連想される青色とは対照的な、夕焼け色に染まった南極の一場面が描かれている。こうした光と氷の効果が、「偉大な印象派の画家たちを夢中にさせた」であろうことは間違いない[23]。また、スミスもウィルソンと同じく、天体に起こる現象に心を奪われた。ハリー湾基地の幻月を描いた作品では、その図形のような対照性がとらえられている。

　オーストラリアの画家クリスティアン・クレア・ロバートソンは、氷の複雑な構造を表現するために、より手の込んだ方法を探究した。南極大陸は、地殻運動を芸術的に研究するという彼女の『極端な地形（Extreme Landforms）』プロジェクトの一環だった。飛行機でモーソン基地へ飛び、南極大陸を空から眺めた彼女にとって、それは編み目のようにひびが入った海に板状の氷山が浮かんでいる、あるいはナイフのように鋭い氷壁が青みがかったクレヴァスに突き刺さっているように見えた。彼女の四つの作品は南極条約の記念切手の図柄にも選ばれた。背後の丘の模様が「XII」に見えることから『12 の湖（Twelve Lake）』（1990 年）と名づけられた作品では、ひび割れた湖面の氷がしなやかな金網のように立体感のある格子をつくり、そ

（上）デイヴィッド・スミス、『海の凍結』、1975年〜76年もしくは1979年〜80年、水彩。
（下）デイヴィッド・スミス、『幻月、ハリー湾基地』、南極大陸、1975年〜76年もしくは1979年〜80年、油彩、キャンバス。

の下の浅く澄み切った水を通して、湖の砂利底に同様の交差模様を描いている。ロバートソンは遠近法を継続的に用いることで、澄んだ空気によって誘発される規模と距離の不確実性を表現している。『氷の洞窟』（1990年）は、M・C・エッシャーの絵のような錯覚効果を取り入れた作品で、見る者の方向感覚を失わせる。私たちは洞窟の中にいるのだろうか、それとも外から覗き込んでいるのだろうか。あざやかなブルーで描かれた細長いトンネルは、周囲のひび割れた氷の山と切り離されているのか、末端で上へ直角に曲がっているように見えるが、どの地点からもその向きははっきりしない。

　同じく南極大陸を訪れたオーストラリアの画家リン・アンド

クリスティアン・クレア・ロバートソン、『12の湖』、1990年、油彩、リネン。

ルーズも、氷のあらゆる側面を表現するという課題に取り組んだ。二枚折りの作品『氷舌の断崖』(1997年)は、見上げる者にめまいを起こさせるようにそびえ立つ、キャンベル氷舌の垂直の広がりを再現している。アンドルーズはこの構図について次のように書いている。

> これらの断崖は氷河の側面を表している。そこには(中略)垂直に走る藍色のクレヴァス、小さな氷穴、そして鋭く尖ったつららが抱かれている。いくつかの裂け目からは茶色がかった岩屑が見える。(中略)皮肉にも、この極端に

固い氷の塊は、分離して海へと漂流する氷山を形成し、ついには崩壊する。油絵の具という材料は、氷の輝きを描き出すのにふさわしく、油彩を施すプロセスは、氷がゆっくりと時間をかけて層をなし、氷河がつくられる過程を反映している[24]。

　この氷に覆われた白い世界を描こうとした現代の画家たちは、南極大陸を型通りの景観構成に押し込めようという無益な試みをやめる必要があった。代わりに、彼らは新しい表現方法、新しい見方に身を投じた。印象派やモダニズム、キュービズムの洞察を生かしながら、彼らは写実的な描写の一方で、この大地が抱かせる期待を執拗(しつよう)に裏切るようなイメージを生み出した。それはオーストラリアの砂漠を歌った、レズ・マレーの詩にあるようなイメージである。

　　原野が前景にも、そして同じく背景にも広がっている
　　均一性を描いた絵のように。どこまでも細部にわたって広がっている
　　神の配慮のように。そこでは遠近法によって小さくなるものはない[25]

リン・アンドルーズ、『氷舌の断崖』、1997 年、油彩、コットン・ダック、二枚パネル。

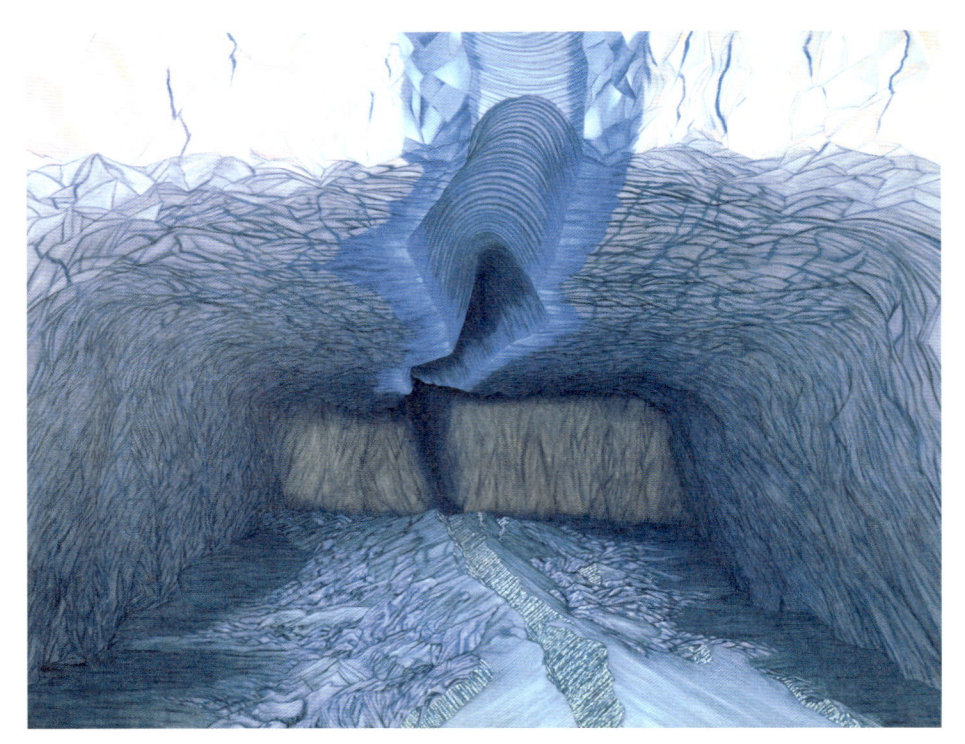

クリスティアン・クレア・ロバートソン、『氷の洞窟』、1990 年、油彩、リネン。

第9章　砂漠の資源と可能性

あちこちに堆積(たいせき)した鉱物資源を別にすれば、それ［砂漠］は主として文明の足かせを解くための貴重な場所である。（中略）人が砂漠で束縛から解放されるのは、周囲に気づく人がいないからだ。だからこそ、私たちはそこで爆弾を爆破させたり、他の場所では問題になるような物を捨てたりする。砂漠ではそれが何かにダメージを与える恐れはない。そこにはダメージを与えるものがないからだ。
デイヴィッド・ダーリントン、『モハーヴェ（The Mojave）』1996 年）

　ダーリントンの言葉はひどく皮肉っぽい。彼の次のパラグラフはこう始まっている――「あるいは、つい最近まではそう考えられていた。砂漠は美しい！という新しい見方が文明に知られるまでは」。ただ、残念ながら、この引用文は多くの砂漠地帯で実際に起きたこと、今も起きていることをあまりにも的確に表現している。
　2006 年は「砂漠と砂漠化に関する国際年」と宣言され、砂漠化と土地の劣化を防ぐために国連の決定が下された。そうした危険への注意が喚起されると、砂漠を私たちから守ることよりも、私たちを砂漠から守ることの方が重要なのだと考えがちである。だが、同じような考え方がかつて原野や熱帯雨林にも当てはめられたことをここで思い出してほしい――そうした自然はきわめて成長が速いため必ず再生できる。だから保護が必要なはずはない。
　砂漠化とは、真の砂漠と境を接する半乾燥地帯の劣化のことで、これはたいてい人間の活動によって生じるものであり、まったく違う方法で形成される真の砂漠と混同すべきではない。「砂

漠は高度に適応した独特の自然生態系で、地球上のさまざまな生命維持に役割を果たし、他の生態系とまったく同じように人間集団を支えている」[1]。砂漠は極端な水不足を生き延びるために進化してきたため、日照りそのものは砂漠にとって脅威ではない。しかし、過放牧や森林伐採、浸食、持続不可能な農耕、灌漑による塩類化、農薬や水圧破砕による土壌や水の汚染、産業規模の採鉱、そしてこれらの活動や観光事業に関連する交通の流れなど、人間が引き起こした劣化は砂漠にとって容易に生き延びられるものではない。すでに世界の砂漠の約20％が土地の劣化による影響を受けており[2]、こうした脅威の多くが比較的新しく、かつ急激であるため、砂漠はそれに適応しきれない。

　最近まで、砂漠は経済的に価値がないと考えられていたが、今はそれが富と機会の宝庫であるとの認識が高まっている。多くの砂漠は鉱物やダイヤモンド、ウラン、石炭、石油、天然ガスなどの貴重な資源を地下に埋蔵している。地上でも、砂漠は放牧や農業の拡大、都市化の広がり、核兵器の開発や実験、そして太陽光発電のために「空きスペース」を提供している。また、砂漠はあらゆる分野の科学的研究における固有の潜在的可能性をもっている一方、観光旅行やレジャーの魅力的な目的地にもなっている。こうした財産はそれまで貧しかった多くの国々の経済を押し上げているが、その代償はたいてい環境が払わされ、先住民も犠牲になっている。実際、彼らは労働力の主要な供給源であるにもかかわらず、ほとんどの場合、その利益の恩恵を受けていない。

　人間が引き起こした劣化は別としても、砂漠には気候変動によるダメージがあり、それは地球全体に影響を及ぼし、既存の砂漠の生物多様性を脅かしている。すでに見てきたように、動植物はこうした過酷な環境でも生き延びられるような特殊な適応を進化させてきたが、気温の上昇によって乾燥がさらに進めば、万一の場合に頼るもののない彼らは死に絶えるだろう。現在、絶滅が危惧されている砂漠の種には、サンドガゼル、チーター、シロオリックス、アダックス、バーバリーシープ、アラビアタールなどがいる[3]。

　雪と氷に覆われ、南極海によって囲まれている南極大陸は、

気候変動の影響を受けやすいと同時に、その主な要因でもある。氷としての貯水量と溶解物としての流出量とのバランス、そして氷に閉じ込められた二酸化炭素の量は、地球の気候系を左右する重要な要素であり、温室効果ガスのレベルに影響を及ぼし、海面を上昇させ、気候変動や環境の変化を加速させる。

　放牧や定住、農業の拡大は、植被が失われることによって砂漠化をさらに進めるばかりか、既存の砂漠における動植物の遷移を阻害する。他の土地では、火災や鉄道建設のための適度な開発による攪乱の後でも植生の再生がすぐに始まる一方で、砂漠では、土壌を整えたり、生息環境を保護したりする中間体種がいないため、本来の適合植物だけしか元に戻ることができない。しかも、それには何年も、何十年もかかるかもしれず、場合によっては二度と戻らない可能性もある。それまで目も向けられなかった土地も発展の可能性を秘めているため、砂漠の生態系を乱す要因は急増している。道路やパイプラインがうねるように砂漠地帯へと伸び、その結果として発電所や給油所、町や住宅がもたらされ、浸食が進み、本来の砂漠はコンクリートで舗装され、近隣の都市と区別できないような新しい砂漠の下に埋もれてしまう。

　貧困にあえぐ砂漠地帯の住人たちにとって、灌漑システムはまさに天の恵みのように思えるかもしれないし、短期的に見れば、それは不毛の地を肥沃な土地に変えることができる。しかし、そうした変化には少なからぬ代償が伴う。実際、地下の帯水層からの水の流出は塩類化による土壌汚染を招く。中央オーストラリアの砂漠の下には、世界最大級の内陸流域である大鑽井盆地（グレート・アーテジアン盆地）が横たわっており、そこでは地下水が地表へと自然に上昇する。こうした自噴泉を活性化させ、備蓄や農業、石油探査のために水を取り出せるように掘り抜かれた穴は、それまで鳥や魚をはじめ、豊かな生態系が営まれていた天然のマウンド・スプリングからの流水を激減させた。他の地域では、その影響はさらに壊滅的である。

　キズィル・クム砂漠では、アラル海の縮小という世界最悪の環境破壊のひとつが生じている。これはウズベキスタンの綿産業と砂漠での米や小麦の栽培を支えるため、この内陸の海に注ぎ込む主要な川、アム・ダリヤ川とシル・ダリヤ川から広範

囲の灌漑を行なったことが原因だった[4]。この灌漑計画が1960年に始まって以来、かつては世界第四位の面積をもつ巨大な湖だったアラル海は、それまでの大きさの約15％にまで縮小し、結果として広大な塩原が残された。現在、残存する湖の塩分濃度は海洋の2.4倍にもなり、多くの種の在来魚を死滅させ、地元の漁業にも壊滅的な影響を与えた。さらに、それは呼吸器疾患や癌との関連が指摘されている化学農薬や肥料によって汚染されるようになった。剥き出しになった4万km²の湖床から吹き上げる砂塵嵐には危険な農薬が混じり、塩分を含んだ塵は畑に堆積して土地を痩せさせる[5]。アラル海の南側を回復の見込みなしと判断したカザフスタン政府は、北側の水位を上げるためにダムでそれを分断した。だが、この一時的な「解決策」はアラル・カラクム砂漠を南へ拡大させただけで、そこには灌漑農場から堆積物が流されてくる。こうした汚染は国境に関係なく広がり、実際、この地域の残留微量農薬がグリーンランドの氷河やロシアの平原、南極のペンギンの血液から検出されている。

　灌漑はカラクム砂漠自体でも行なわれている。1954年に建設が始まったカラクム運河は、全長1375kmに及び、その地域の生産性を大幅に高めたが、土壌の深刻な塩類化を招き、見てわかるほどの塩原を生み出した。

　石油や天然ガスを埋蔵する砂漠地帯では経済が急速に成長したが、環境破壊による生態系の損失は、その利益をはるかに上回る。土地や淡水域への石油の流出は、北アフリカやアラビアの砂漠で頻発している。これは地上の資源はもちろん、人間の食料源を含む複雑な食物連鎖で結びついた地下の多様な有機体にも影響を及ぼしている。さらに、それは動植物にとって致命的な油膜や石油そのものの毒性によっても環境を損なっている。湾岸戦争が行なわれていた1991年、イラク軍はクウェートの1164もの油井を破壊し、その砂漠に6000万バレルの石油を流出させ、土壌と地下水を汚染した。彼らはペルシア湾にも200万バレルの石油を流出させ、何千羽もの海鳥を死なせ、ウミガメやジュゴン、イルカ、魚類やエビを含む水界生態系に深刻なダメージを与えた。9ヶ月にわたって鎮火できずに続いた石油火災は大気も汚染した。猛スピードで砂漠を横切る戦車は大地の表面を傷つけ、不安定で崩れやすい砂丘を生んだ。さら

ダルヴァザの「地獄の門」、トルクメニスタン。採掘による落盤事故でできた穴から天然ガスが激しく燃え続けている、2010年。

に悪いのは、湾岸戦争で米軍の低空飛行機から発射されたウラン弾や、米国・NATO軍によって落とされた300トンもの劣化ウランによる長期的な影響で、それらは土壌と水を汚染した。

　こうした環境災害は戦争中に故意に引き起こされたものだが、カラクム砂漠の中央にあるトルクメニスタンの村ダルヴァザの付近では、災害が事故として起こった。1971年、天然ガスを求めてボーリング調査をしていたソ連の地質学者たちは、ガスが充満した大洞窟を発見したが、その洞窟の下の地盤が崩れ、直径70m～100mもの穴が開いてしまった。有毒なメタンガスの放出を防ぐため、ガスに着火することになったが、火はそれ以来ずっと燃え続け、大量の炭素を大気中に放出している。地元の人びとはそれを「地獄の門」と呼んでいる[6]。

　採掘活動が直接的な影響を及ぼすのはごく一部の地域かもしれないが、その間接的な影響は周辺地域にも広がっている。現代の採掘方法はきわめて水資源集約的で、採掘会社は「脱水」と呼ばれる処理として地下水を汲み上げ、排出させるために、しばしば地下水面の下を掘り進む。これはその地域の泉や井戸を干上がらせ、地盤沈下を引き起こす恐れがあるほか、オアシスや湿地帯、そして灌漑を損なうことにつながる。

　さらに深刻な問題が起こるのは、採掘坑の可能性が尽きたときである。放棄された採掘現場は瓦礫や副産物の廃棄場となり、

そこには地中や地下水面に浸透する毒性の強い化学物質が含まれている。風や鉄砲水はこうした有毒物質をさらに遠くへ運ぶ。チリの高原にある銅や鉛、硝酸塩の廃坑は、今も化学物質の流出による潜在的な汚染源となっている[7]。灌漑システムや飲料水を供給する河川の水源に近い高地の採掘坑は、とくに危険である。

　リン酸塩やウランといった金属および非金属鉱物の採掘は、サハラ砂漠の多くの国々の経済にとって重要ではあるが、この新たな富が先住民の利益になることはめったにない。というのも、多国籍企業は熟練労働者を国外から連れてきて、土地を横取りされた非熟練労働者には最低限の賃金しか払わないからだ。ナミブ砂漠の大部分は保護されているが、一部の重要な生物多様性地域は、ナミビアの経済が大きく依存している銅や陸上・海洋ダイヤモンドの探鉱によって、危険にさらされている。

　取り出すことのできる天然資源の他にも、砂漠は兵器開発や核実験のために封鎖可能な「空きスペース」として利用されている。4500km²の敷地をもつ米国海軍航空兵器基地は、ロサンゼルスの北東約240kmにあるモハーヴェ砂漠西端のチャイナ・レークにあり、1950年から米軍の航空兵器システムの開発・実験を行なっている[8]。また、タクラマカン砂漠の端にあるロプ・ノールは、1964年から核兵器の実験場所になっている。オーストラリアでは、1955年から1963年にかけて、英国政府がグレート・ヴィクトリア砂漠のマラリンガとエミュー・フィールドで核実験を繰り返し、アボリジニーの土地を含む広大な地域をプルトニウム239、ウラン235といった放射性物質で汚染した。

　一方、太陽光発電など、無害で地球全体の健康に有益とさえ思える活動も、その建設中に短期的な略奪を引き起こす危険がないわけではない。繊細な砂漠地帯の研究プロジェクトに関わっている科学者たちは、資源を枯渇（こかつ）させ、その結果として荒廃と汚染をもたらした。南極大陸の調査基地は、今でこそ「きれいに片づいて」おり、廃棄物はすべて当事国が持ち帰ることになっているが、そうした責任ある態度が広まるのに一世紀かかった。

　観光事業も同じく問題をはらんでいる。それは砂漠とその脆（ぜい）

マーチソン電波天文台に建設中の電波望遠鏡ASKAP（Australian Square Kilometre Array Pathfinder）のアンテナ、西オーストラリア。

弱さに対する認識や配慮を生み出す一方で、電力や水、新鮮な食料、交通手段、そして娯楽がすぐ手に入ることを当然のように期待する多くの人びとを呼び込む。繊細な大地を大勢の旅行者が歩き回れば、傷つきやすい植生が何十年も、おそらく取り返しのつかないほどに破壊される恐れがある。また、砂丘が踏みつけられたり、成長に時間のかかる植生が縦横無尽に走り回る車に傷つけられたり、周期的な氾濫に見舞われるワディの川床などで風や雨による浸食が進んだりすることの長期的な結果は、まだこれから現れてくる。遺跡発掘現場の略奪や壁画の破壊も、僻地では文化的に監視が難しく、憂慮すべきほどに頻発している。

　南極大陸では、こうした潜在的な被害を防ぐために独自の措置が取られてきた。冷戦の最中にあった1959年、南極大陸の領有権を求めていた国々は、同大陸の将来的な研究と管理の概要をまとめた南極条約において、一時的にその主張を放棄した。当時は12ヶ国がこの条約に署名し、今日では44ヶ国が加盟している。続いて1991年には、南極条約を拡大したマドリード議定書によって、2048年まで資源開発活動が禁止され、それ以降も加盟国の三分の二の同意が必要とされた。したがって、現在、南極にもっとも侵略的な影響を及ぼしているのは、旅行者と基地で働く人びとである。ただ、前者は数こそ多いが滞在期間はわずかで、旅行会社も環境責任を無視すれば免許を剝奪されることを知っている。一方、科学者たちが生態系に外来種を持ち込む危険性が高いことは、依然として懸念される。実際、家禽の病原体がペンギンに伝染したり、元そり犬のジステンパーがアザラシに広がったり、衣類に付着して持ち込まれた細菌がアホウドリやミズナギドリを脅かしたりしている[9]。基

チリ・アンデス山脈、アタカマ砂漠の標高5000mのチャナントール高原に設置された電波望遠鏡ALMA（Atacama Large Millimeter/submillimeter Array）。ALMAは現存する世界最大の地上天文学プロジェクトで、直径約12mのサブミリ波高精度アンテナ群とそれを結ぶ何kmもの基線から構成されている。このプロジェクトはヨーロッパ、東アジア、北米およびチリ共和国の協力による共同研究で、2013年に完成の予定。

地では石油に代わる代替エネルギーや水のリサイクルが試みられ、かつては海やクレヴァスに投げ捨てられていた廃棄物についても、マドリード議定書によってすべて片づけ、可能なら南極から撤去することが義務づけられている。また、車両の立ち入りを禁じた保護区域が設けられ、調査旅行を含めた訪問者の数も厳しく制限されている。だが、小規模な調査旅行は監視が難しいため、そうした個人の旅行者が放置していった車両が撤去される保証はない。

　発展途上国における不公平な土地の利用権や人間集団の力学、そして貧困は、砂漠の過度な開発を助長する最大の要因に挙げられる。広大な砂漠地帯をもつ国の住人たちは、しばしば戦略的に重要な水や土地の利用をめぐる競争によって、新たに政治的・社会的なさまざまな課題に直面する。こうした状況は、概して富や土地資源の不平等な集中を招き、社会不安や暴動を引き起こし、必然的に土地の劣化を進ませる。解決可能な方法があるとすれば、それには地域社会と国際社会の要求を調整し、人間をより幅広い生態系の中でとらえ、この独特で美しい場所への配慮を生み出すための総合的アプローチが必要となる。

　幸い、砂漠のふたつの財産——降り注ぐ太陽光と乾いた空気——は、環境への影響を最小限に抑える有益な目的にも利用されている。ドイツ主導のプロジェクト「デザーテック」は、エ

ジプトのベニ・スエフに近いサハラ砂漠の無人地帯を使った太陽光発電計画で、総面積13万平方mに6000台のパラボリック・トラフが設置されている。これはこの発電設備の最終的生産力の七分の一にすぎない。完成すれば、そこから中東や北アフリカのみならず、ヨーロッパにも電力が供給され、化石燃料への依存が大幅に減少するだろう[10]。

　砂漠はまた、天文学という学問分野に特別な研究の機会を提供している。雲ひとつない夜空、乾燥した空気、そして光害の影響が最小限に抑えられた環境は、理想的な観測条件を生み出す。チリの高地に三つの観測所をもつヨーロッパ南天天文台（ESO）は、アタカマの極端な乾燥と年間340日以上も続くという晴天の夜を生かして、そこに世界屈指の高性能望遠鏡を建設した。これにはラ・シヤ観測所の新技術望遠鏡（NTT）、パラナル観測所の超大型望遠鏡（VLT）、そしてチャナントール観測所のアカタマ大型ミリ波サブミリ波干渉計（ALMA）が含まれる。ALMAの64台からなる直径11.9mの電波アンテナ群は、約130億年前のビッグバンの残存放射と、宇宙の基本的構成要素である分子ガスや塵の研究に使われる。通常、サブミリ波帯の放射は大気中の水分に吸収されてしまうが、アタカマではこの問題も解消される。ESOは現在、口径42mのヨーロッ

遠くの頂に見えるアタカマ砂漠のラ・シヤ観測所は、ラ・セレナの町の100km北にある半砂漠地帯に位置している。

第 9 章　砂漠の資源と可能性

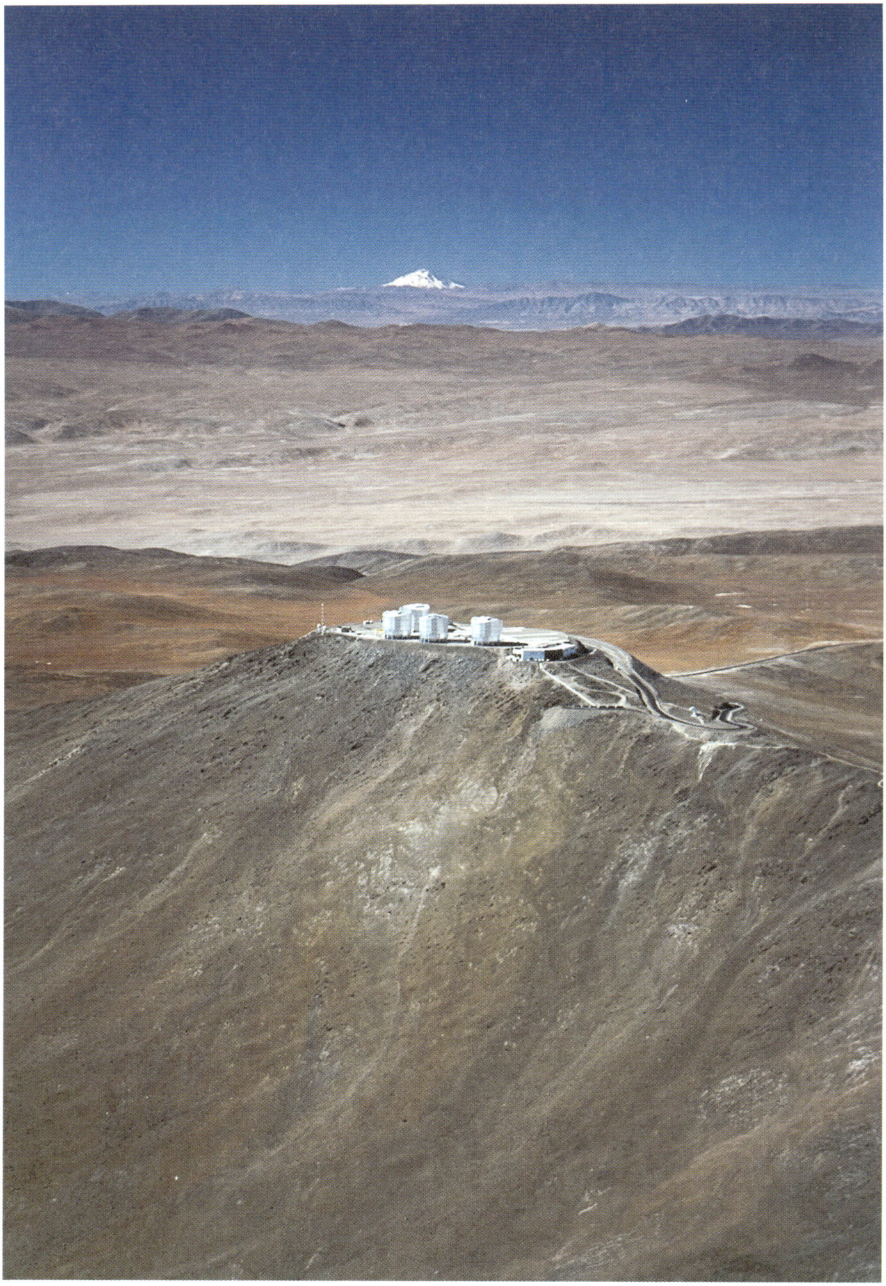

ヨーロッパ南天天文台のパラナル観測所。超大型望遠鏡VLT（Very Large Telescope）をとらえたこの航空写真は、同観測所の優れた性能を表している。前景に見えるのが、チリのセロ・パラナル山の標高2600mに位置するパラナル観測所。背景に見えるのが、アルゼンチン国境の190km東に位置する標高6720mのユヤイヤコ山の冠雪。観測所には口径8.2mのVLT四台からなるユニット・テレスコープのほか、管理棟もある。

パ超大型望遠鏡（E-ELT）をアタカマの標高3060mの場所に建設する予定で、その目的は5900万光年離れた星々を観測し、宇宙の遠い過去について教えてくれる銀河の赤方偏移を研究することである。

また、世界最大にして最高精度の電波望遠鏡となるのがスクエア・キロメートル・アレイ（SKA）で、これは現在、アフリカ南部とオーストラリア西部のふたつの砂漠地帯で建設が進められている。完成すれば、SKAは天文学者がビッグバン後の最初の星や銀河の形成・進化を目撃し、引力の性質を探求し、地球外生命を発見することさえ可能にするだろう。

南極大陸も、その冷たい乾燥した空気によって光学天文学の重要な基地になっている。猛烈な強風が吹きつける沿岸部とは対照的に、標高の高い台地ではきわめて大気が安定しており、シンチレーションも最小限に抑えられるばかりか、地球上のどの観測場所よりも空が暗く、大気の透明度が高い。現在、口径10mの南極点望遠鏡が置かれたアムンゼン＝スコット基地には複数の観測所があり、ドームC、ドームA、ドームFでは宇宙線やガンマ線、ニュートリノを測定するために光学天文学、赤外線天文学、サブミリ波天文学の研究が行なわれている[11]。

こうした砂漠の科学的副産物は、地球の将来にとって非常に重要なものかもしれない。安価で永遠に再生可能な資源から電力を生み出すことは、国々の経済格差をなくすかもしれない。地球が宇宙の一部であることを自覚することは、戦争による破壊や荒廃を無意味にするような壮大な見方をもたらすかもしれない。

確かに、こうした潜在的利益には物質的な意味で魅力があるかもしれない。しかし、長い目で見れば、砂漠との文化的関わりから生まれた洞察の方がずっと重要ではないだろうか。作家や映画制作者はみずからの経験や想像力から、そこで出会うべき神秘や試練、孤独や静寂、そしてその体験が自己に与える深い影響を再現してきた。また、砂漠は見る者が支配する形で自然を描こうとする古典的な景観芸術の姿勢を受けつけないため、画家たちは直観を復活させた。さらに、砂漠の先住民文化やそれを神聖なものとする彼らの信念、そして砂漠との結びつきに対しても、新しい認識や評価がなされてきた。つまり、砂

漠の「異質性」は、ミニマリズムの意外な美しさに気づき、反対の価値観を尊重し、経済的合理主義や物質主義に疑問を投げかけることをその最大の目的とする、新しい見方を象徴するようになったのである。

アムンゼン＝スコット基地にある口径10mの南極点望遠鏡の航空写真、2008年。

世界の主な砂漠

名称	種類	面積（平方km）	所在地
アタカマ	冷涼海岸	140,000	チリ・ペルー
アラビア	亜熱帯	2,330,000	サウジアラビア・ヨルダン・イラク・クウェート・カタール・UAE・オマーン・イエメン
カラクム	寒冬	350,000	トルクメニスタン
カラハリ	亜熱帯	900,000	アンゴラ・ボツワナ・ナミビア・南アフリカ
キズィル・クム	寒冬	300,000	カザフスタン・トルクメニスタン・ウズベキスタン
ギブソン	亜熱帯	155,000	オーストラリア
グレート・ヴィクトリア	亜熱帯	647,000	オーストラリア
グレート・サンディー	亜熱帯	400,000	オーストラリア
グレート・ベースン	寒冬	492,000	米国
ゴビ	寒冬	1,300,000	モンゴル・中国
サハラ	亜熱帯	9,100,000	アルジェリア・チャド・ジブチ・エジプト・エリトリア・リビア・マリ・モーリタニア・モロッコ・ニジェール・スーダン・チュニジア・西サハラ
シリア	亜熱帯	520,000	シリア・ヨルダン・サウジアラビア・イラク
シンプソン	亜熱帯	145,000	オーストラリア
ソノラ	亜熱帯	310,000	メキシコ・米国
タール	亜熱帯	200,000	インド・パキスタン
タクラマカン	寒冬	270,000	中国
チワワ	亜熱帯	450,000	メキシコ・米国
ナミブ	冷涼海岸	81,000	ナミビア・アンゴラ
南極大陸	極	13,829,430	南極大陸
パタゴニア	寒冬	670,000	アルゼンチン・チリ
モハーヴェ	亜熱帯	65,000	米国

用語解説

アプサラス（Apsara）：仏教芸術に描かれる天人
アルティプラノ（altiplano）：南米中央部に広がる高原
エルグ（erg）：砂丘が波状に広がる砂の「海」
塩類平原（salt pan）：砂漠地帯に多く見られる、塩などの鉱物で覆われた平地
オリエンタリズム（Orientalism）：18世紀から19世紀にかけて西欧芸術で見られた異国趣味の傾向で、中東の文化が描かれたり、真似されたりした。その後、関心は極東へ移り、中国や日本の文化・芸術の要素が取り入れられた。
カアバ（Kaaba）：（アラビア語で「立方体」）メッカのアル＝ハラーム・モスクの中庭に置かれた神殿で、イスラム教最高の聖地。ハッジの間、巡礼者はその周りを反時計回りに七回歩く。コーランによれば、イブラヒム（アブラハム）とその息子イシュマエルが、天使によって届けられた「黒石」の埋め込まれた一角にカアバを建てた。
化石水（fossil water）：数千年もしくは数百万年にわたり、降水によって補充されることなく帯水層に閉じ込められていた地下水
滑降風（katabatic wind）：山や高原から重力によって斜面を下降する風
岩下生育性（hypolith）：南極大陸のような極端な気候の砂漠で、岩の下に生育する光合成生物
乾生植物（xerophyte）：水の供給が限られた地域で生き抜くため、構造的に適応した植物
気孔（stoma, 複 stomata）：ガス交換が行われる葉や茎の表皮にある孔
ギバー（gibber）：スタート・ストーニー砂漠など、オーストラリアの砂漠地帯の大部分を覆う礫。デザート・ペーヴメントの一種
休眠期（diapause）：不利な環境条件に対して一時的に成長を遅らせる状態
ケフィエ（keffiyeh）：（アラビア語）アラブの男性が頭を覆う伝統的な布。基本的には白かチェック柄の正方形の綿のスカーフで、半分に折りたたんで三角形をつくり、アガールと呼ばれる黒い縄の輪で固定する。
ケブラダ（quebrada）：（スペイン語）浅い小川が流れるアタカマ高原の縁の渓谷
幻月（paraselene）：幻日と似ているが、月光の屈折によって空に現れる光
幻日（parhelion）：とくに日没の頃に見られる光学現象で、大気中の氷晶の屈折によって太陽の両側の日暈に現れる光
好塩性（halophilic）：塩分を好む性質
叢氷（pack ice）：海や海岸沿いに停滞した氷の塊。冬に南極大陸周辺で拡大する。
「荒野の教父（と教母）」（Desert Fathers (and Mothers)）：西暦3世紀頃、聖アントニウスにならって

エジプトの砂漠で暮らしたキリスト教の隠遁者や修道士（および修道女）

ゴンドワナ（Gondwana）：ふたつの古生代超大陸のうちの南半分（北半分はローラシア大陸）で、5億5000万年から5億年前に形成された。約1億8400万年前に分裂し、アフリカ、インド、南米、オーストラリア、南極といった独立した大陸をつくった。

砂丘（dune）：風の作用によって形成された砂の山や尾根。三日月型や星型、あるいは直線状に平行して走るものがある。

サスツルギ（sastrugi）：（ロシア語）風の作用によって雪原にできた高さ数cmから数mの波状の稜線で、主風方向に平行している。

砂漠化（desertification）：それまでの肥沃な土地が砂漠へと劣化すること。たいてい森林伐採や日照り、不適切な農業活動によって引き起こされる。

島状丘（inselberg）：平原に孤立して浮かぶ岩山

蒸発散（evapotranspiration）：水塊や土壌などからの蒸発作用、および植物の葉の気孔からの蒸散作用により、大気に還元される水分の総量

ジン（jinn）：（アラビア語）精霊もしくは超自然的存在で、しばしば悪霊を表す。

蜃気楼（mirage）：光線の屈折によって遠くの物体や空が転写されて見える現象。砂漠でしばしば水塊の蜃気楼が現れるのは、見る者がそれをを望むため。

シンチレーション（scintillation）：大気の揺らぎによって生じる星の「またたき」。天体観測に悪影響を及ぼす。

扇状地（alluvial fan）：流れの速い河川が峡谷から平地へ出る場所などに形成される、扇形の堆積地

耐塩性（halophytic）：塩分に耐性がある性質

帯水層（aquifer）：地下水を蓄えたり、運んだりできる透水性の岩石地層

タゲルムスト（tagelmust）：トゥアレグ族の男性が顔にぴったりと巻きつける藍色のヴェール

短命植物（ephemeral）：通例、六週間から八週間の短い生活環をもつ植物

デザート・ペーヴメント（desert pavement）：礫がぎっしりと敷き詰められた薄い表面層

トゥアレグ（Tuareg）：ベルベル語系の言語を話す北アフリカの遊牧民

ナバテア人（Nabataeans）：約2000年前に古代都市ペトラを築いたアラブの民族。もともと遊牧民だった彼らは、スパイス交易によって富を手に入れ、広大な地域を政治的に支配し、ヘレニズム文化の要素を取り入れた。

南天オーロラ（aurora australis）：南極光（Southern Lights）、南磁極近くの空に見られる色鮮やかな発光現象で、太陽から放出された荷電粒子と上層大気中の原子との相互作用によって生じる。

根深植物（phreatophyte）：根が深く伸び、恒常的な地下水源や地下水面から水分を吸収する植物

白亜紀（Cretaceous Period）：1億4550万年から6560万年前までの地質時代。ジュラ紀（1億9960万年から1億4550万年前まで）に続く時代で、比較的温暖な気候に恵まれた結果、浅い内海が生まれた。

ハマダ（hamada）：（アラビア語）風で砂粒が吹き飛ばされ、礫や岩塊が残った岩石砂漠

バルハン（barchan）：風下側に面したふたつの「角」をもつアーチ型の砂丘

ハルマッタン（Harmattan）：サハラ砂漠から南のアフリカ西海岸へ吹く、砂混じりの乾いた貿易風。11月末から3月中旬まで吹く。
半乾燥気候（sem-arid）：年間降雨量が250mmから500mmの気候
半人半獣（therianthrope）：人間以外の動物に姿を変えた人間
ビュート（butte）：浸食抵抗性のある岩石でできた、周囲の切り立った孤立丘。この前段階がメサとされる。
氷映（ice blink）：水平線に見られる強烈な白い輝きで、その向こうにある氷原の光を反射することによって生じる。
プーナ（Puna）：（スペイン語）ペルー・アンデス山脈に広がる樹木のない高原
プラヤ（playa）：（スペイン語）水の蒸発によって形成された塩湖
プレート・テクトニクス（plate tectonics）：地球表面は11枚の巨大なプレート（岩盤）から構成されており、それが継続的に移動しているとする理論。地震や火山活動、造山運動はプレート同士が接触する場所で生じる。
フンボルト海流（Humboldt current）：南米の西海岸に沿って北西に吹く低塩分の寒流
ベンゲラ海流（Benguela current）：南大西洋の東部を北上する幅広の海流
菩薩（Bodhissatva）：大乗仏教において、万人の幸福のために利他的に悟りの境地を目指す修行者
メサ（mesa）：（スペイン語）浸食抵抗性の岩石層をもつ、頂上が平らで周囲が崖の丘。ビュートを参照。
「夢の時代」（Dreaming）：（アランダ語のulchurringaの訳語で、「夢見ること」を意味するaltjerriに由来）。オーストラリアの先住民アボリジニーの文化では、「夢の時代」は霊的な世界、とくに「聖なる祖先たち」の精霊が土地の特徴をつくるために大地から姿を現した時代と結びついており、そこは今も彼らの存在が染み込んだ聖地となっている。
礫砂漠（reg）：小石を敷き詰めた舗道のような、石だらけの平原
蓮葉氷（pancake ice）：直径数cmから数m、厚さ数cmの、縁がまくれ上がった円形の氷
ロマ（loma）：（スペイン語）小さな丘
ワディ（wadi）：（アラビア語）雨季以外は水のない川床で、雨後にのみ植生を支える。ワジ。

原　注

序文
1 Ernest Giles, *Australia Twice Traversed: The Romance of Exploration*, 2 vols (London, 1889), vol. I, Book II, p. 166.
2 同前、Book III, p. 126.
3 Yi-Fu Tuan, 'Desert and Ice: Ambivalent Aesthetics in Landscape', in *Landscape, Natural Beauty and the Arts*, ed. Salim Kemal and Ivan Gaskell (Cambridge, 1993), pp. 146–7.

第1章　砂漠の多様性
1 P. J. Wyllie, *The Way the Earth Works: An Introduction to the New Global Geology and its Revolutionary Development* (New York, 1976), p. 211.
2 サハラ砂漠がまたがる13の国々は、西サハラ、モーリタニア、モロッコ、アルジェリア、チュニジア、マリ、リビア、ニジェール、チャド、エジプト、スーダン、エリトリア、ジブチ。
3 G. Grall, 'Cuatro Cienegas: Mexico's Desert Aquarium', *National Geographic*, CLXXXVIII/4 (1995), pp. 84–97.
4 Joel Michaelsen, 'Colorado Desert Region Physical Geography', at www.geog.ucsb.edu, accessed 27 March 2013.
5 1964年、ドナルド・キャンベルがそこで時速648.73kmの記録を打ち立てた。
6 Ernest Giles, *Australia Twice Traversed: The Romance of Exploration*, 2 vols (London, 1889), vol. II, Book IV, p. 191.
7 Rebecca Courtney, 'Canning Stock Route: The Aboriginal Story', *Australian Geographic Online*, 15 December 2011, at www.australiangeographic.com.au.
8 C. T. Madigan, 'The Australian Sand-ridge Deserts', *Geographical Review*, xxvi/n (1936), pp. 205–27; Mike Smith, 'Australian Deserts, Deserts Past: The Archaeology and Environmental History of the Australian Deserts', Australian Bureau of Statistics (2008), at www.abs.gov.au.
9 Australian Bureau of Statistics, *Year Book Australia* (Canberra, 2006), p. 13.
10 Paul C. Sereno, 'Dinosaur Death Trap: Gobi Desert Fossils Reveal how Dinosaurs Lived', *Scientific American*, CCCIV/3 (21 February 2011), at www.scientificamerican.com.
11 Rio Tinto, 'Oyu Tolgoi' (2012), at www.riotinto.com を参照。
12 Charles Darwin, *The Voyage of the Beagle* (Geneva, 1968), p. 455.（チャールズ・ダーウィン『ビーグル号航海記』島地威雄訳、岩波文庫、1961年）
13 Boris Aleksandrovich Fedorovich and Agadjan G. Babaev, 'Karakum Desert',

Encyclopadia Britannica Online (2011), at www.britannica.com.
14 David B. Weishampel et al., 'Dinosaur Distribution', in *The Dinosauria*, ed. David B. Weishampel, Peter Dodson and Halszka Osmolska, 2nd edn (Berkeley, ca, 2004), pp. 517–606.
15 Mikhail Platonovich Petrov and Guy S. Alitto, 'The Takla Makan Desert', *Encyclopadia Britannica Online* (2011), at www.britannica.com.
16 Calogeo M. Santoto, Vivien G. Standen, Bernardo T. Arriaza and Pablo A. Marquet, 'Hunter-gatherers on the Coast and Hinterland of the Atacama Desert', in *23°S: Archaeology and Environmental History of the Southern Deserts*, ed. Mike Smith and Paul Hesse (Canberra, 2005), pp. 172–85.
17 Jonathan Amos, 'Chile Desert's Super-dry History', *BBC World News* (8 December 2005), at www.bbc.co.uk/news.
18 V. Parro et al., 'A Microbial Oasis in the Hypersaline Atacama Subsurface Discovered by a Life Detector Chip: Implications for the Search for Life on Mars', *Astrobiology*, xi/10 (2011), pp. 969–96.
19 M. D. Skogen, 'A Biophysical Model applied to the Benguela Upwelling System', *South African Journal of Marine Science*, XXI (1999), pp. 235–49; J. H. Van der Merwe, *National Atlas of South West Afrika (Namibia)* (Windhoek, 1983).
20 Michael Mares, ed., *Deserts* (Norman, ok, 1999), p. 384.
21 E. M. Van Zinderen Bakker, 'Palynological Evidence for Late Cenozoic Arid Conditions along the Namibian Coast from Holes 53n and 531 a, leg.75. Deep Sea Drilling Project', in *Initial Reports of the Deep Sea Drilling Project*, ed. W. W. Hay, J. C. Sibuet et al. (Washington, DC, 1984), vol. LIV, pp. 763–8.
22 Namibian Ministry of Mines and Energy, 'Geological Survey of Namibia', n.d., at www.mme.gov.na, accessed 27 March 2013.
23 北極海を囲む地域にも南極大陸と同じような砂漠の特徴が見られるが、比較的面積が小さいうえ、地球温暖化によって縮小しているため、ここでは論じない。
24 Australian Government Antarctic Division, 'Antarctic Prehistory Facts' (2010), at www.antarctica.gov.au.
25 同前。
26 British Antarctic Survey, 'Volcanoes in Antarctica' (2007), at www.antarctica.ac.uk; British Antarctic Survey, 'Underwater Antarctic Volcanoes Discovered in the Southern Ocean' (2011), at www.antarctica.ac.uk.
27 酸素原子が赤色と緑色の光、窒素分子が青色と紫色の光を発する。
28 Eric J. Steig et al., 'Warming of the Antarctic Ice-sheet Surface since 1957 International Geophysical Year', *Nature*, CCCCLVII/7228 (2009), pp. 459–62.

第2章 さまざまな適応能力
1 ジョシュア・ツリーは、モハーヴェ砂漠を渡った19世紀のモルモン教入植者によってそう名づけられた。この木の上向きの枝は、彼らに両手を掲げて祈るヨシュアの聖書物語を思い出させた。Corey L. Gucker, '*Yucca*

brevifolia', in *Fire Effects Information System* (Fort Collins, co, 2006), at www.fs.fed.us.
2 L. E. Gilbert, 'Ecological Consequences of Mesquite Fixation of Nitrogen', at http://uts.cc.utexas.edu, accessed 27 March 2013.
3 ナラ (!nara)の「!」は、クン族の言語の一要素である「クリック音」を表す。
4 P. van Oosterzee, *The centre: The Natural History of Australia's Desert Regions* (Chatswood, nsw, 1993), p. 74.
5 Bernard Eitel, 'Environmental History of the Namib Desert', in *23°S: Archaeology and Environmental History of the Southern Deserts*, ed. Mike Smith and Paul Hesse (Canberra, 2005), pp. 45–55.
6 W. Rauch, 'The Peruvian-Chilean Deserts', in *Hot Deserts and Shrublands*, ed. M. Evenari, I. Noy-Meir and D. W. Goodall (Amsterdam, 1985), p. 246.
7 Charles McCubbin, 'Desert Diary', *Aluminium*, X (December 1973), p. 6.
8 Van Oosterzee, 前掲書、 p. 80.
9 Mike Smith and Paul Hesse, 'Capricorn's Deserts', in *23°S*, ed. Smith and Hesse, p. 7.
10 Julia C. Jones and Benjamin P. Oldroyd, 'Nest Thermoregulation in Social Insects', *Advances in Insect Physiology*, XXIII (2007), pp. 153–92.
11 See University of Colorado at Boulder, 'Tiny Collectors: Harvester Ants' (2009), at http://cumuseum.colorado.edu.
12 A. R. Parker and C. R. Lawrence, 'Water Capture by a Desert Beetle', *Nature*, CDXIv/6859 (2001), pp. 33–4.
13 Thomas R. Van Devender, *Adaptations of Amphibians and Reptiles* (Tucson, az, 2011), at www.desertmuseum.org.
14 Van Oosterzee, 前掲書、 pp. 126–7.
15 同前、 p. 127.
16 同前、 pp. 112, 116.
17 同前、 p. 115.
18 O. Oftedal, 'Nutritional Ecology of the Desert Tortoise in the Mojave and Sonoran Deserts', in *The Sonoran Desert Tortoise*, ed. T. R. Van Devender (Tucson, AZ, 2002), pp. 194–241.
19 Marc Tyler Nobleman, *Foxes* (New York, 2007), pp. 35–6.
20 サハラ・チーターの世界総個体数は、成獣でわずか250頭と推定される。
21 Daniel Thomas, 'Evolutionary Characteristic Allows Penguins to Adapt to Cold Climate', *Biology Letters* (2010), at http://rsbl.royalsocietypublishing.org.

第3章 過去と現在の砂漠の文化

1 Peter Veth, 'Conclusion: Major Themes and Future Research Directions', in *Desert Peoples: Archaeological Perspectives*, ed. Peter Veth, Mike Smith and Peter Hiscock (Oxford, 2005), p. 299.
2 I. O. Rassooli, *History of the Arabs: The Arabian Peninsula* (2009), at www.islam-watch.org.
3 Gertrude Bell, *The Desert and the Sown* (London, 1985), p. 66.〔G・L・ベル『シ

リア縦断紀行』田隅恒生訳、平凡社、1994 年)
4 Donald P. Cole, 'Where Have the Bedouin Gone?', *Anthropological Quarterly*, lxxvii/n (2003), p. 257.
5 Bell, 前掲書、p. 67.
6 *Art and Life in Africa* (3 November 1998), at www.uiowa.edu.
7 タマジグト語は、モロッコ中央部の 300 万〜 500 万の人びとによって話されており、300 以上の関連方言をもつ。同前。
8 bbcWorld Service, 'Berbers: The Proud Raiders' (23 April 2001), at www.bbc.co.uk/worldserviceradio.
9 Peter Prengaman, 'Morocco's Berbers Battle to Keep from Losing Their Culture: Arab Minority Forces Majority to Abandon Native Language', *San Francisco chronicle* (16 March 2001), at www.sfgate.com.
10 African Holocaust Society, 'People of Africa: Tuareg' (2004), at www.africanholocaust.net.
11 John Evans, 'Taoudenni Salt Mines' (1997), at www. johnevansphotography.net; N. Onishi, 'In Sahara Salt Mine, Life's not Too Grim', *New York Times* (13 February 2001), at www.nytimes.com.
12 Geraldine Brooks, *Nine Parts of Desire: The Hidden World of Islamic Women* (London, 1995), p. 22.
13 Human Rights Watch, 'Niger: Warring Sides Must End Abuses of Civilians' (2007), at www.hrw.org.
14 Human Rights Watch, 'Stemming the Flow: Other Abuses against Migrants and Refugees' (2006), at www.hrw.org.
15 「サン」や「ブッシュマン」といった呼び名は、もともと他者が用いた軽蔑的呼称であるため、ここでは「クン」(彼ら自身の呼び方)を用いる。
16 Anne I. Thackeray, 'Perspectives on Later Stone Age Hunter-gatherer Archaeology in Arid Southern Africa', in *Desert Peoples* (前掲書), ed. Veth et al., p. 161; Bradshaw Foundation, 'The San Bushmen of the Drakensberg Mountains' (2011), at www.bradshawfoundation.com.
17 モンゴンゴの木とは、*Ricinodendron rautanenii* と呼ばれる Schinziophyton の植物。Lee, *The !Kung San*, pp. 182–204. を参照。
18 Marshall Sahlins, *Stone Age Economics* (London, 1972), p. 9 (マーシャル・サーリンズ『石器時代の経済学』山内昶訳、法政大学出版局、1984 年); Richard B. Lee, *The Dobe !Kung* (San Francisco, CA, 1979), p. 37.
19 Karim Sadr, 'Hunter-gatherers and Herders of the Kalahari during the Late Holocene', in *Desert Peoples* (前掲書), ed. Veth et al., pp. 216, 210.
20 同前、pp. 216–17.
21 Survival International, 'African People and Culture: Bushmen/San', at www.africaguide.com, accessed 27 March 2013.
22 Richard Lee, *The Dobe Ju/'hoansi: case Studies in cultura Anthropology*, 3rd edn (Belmont, CA, 2003); Megan Biesele and Kxao Royal-/O/OO, 'The Ju/'hoansi of Botswana and Namibia', in *The cambridge Encyclopedia of Hunters and Gatherers*, ed. Richard B. Lee and Richard Daly (Cambridge, 1999), pp.

205–9.
23 「ムンゴ・マン」は、1974年にニューサウスウェールズのムンゴ湖畔で発見された二体の化石のひとつに与えられた名前。M. Barbetti and H. Allen, 'Prehistoric Man at Lake Mungo, Australia, by 3200l years bp', *Nature*, CCXL/5375 (1972), pp. 46–8 を参照。その年代については、さまざまな方法によってさまざまな結果が示されたため、議論が続いてきたが、40000年前というのが最近の一致した意見。J. M. Bowler et al., 'New Ages for Human Occupation and Climatic Change at Lake Mungo, Australia', *Nature*, CDXXI /6925 (2003), pp. 837–40
24 Douglas W. Bird and Rebecca Bliege Bird, 'Evolutionary and Ecological Understandings of the Economics of Desert Societies', in *Desert Peoples*（前掲書), ed. Veth et al., pp. 87, 88; R. G. Kimber, '"Because It Is Our Country": The Pintupi and their Return to their Country, 1971–1990', in *23°S: Archaeology and Environmental History of the Southern Deserts*（前掲書), ed. Mike Smith and Paul Hesse (Canberra, 2005), pp. 349, 354.
25 移動ルートについては、アマゾン盆地からアンデス山脈を越えて、あるいはコロンビア北部からアンデス山脈経由で、あるいはアラスカから海岸沿いにといった三つの仮説がある。どれもまだ決定的ではない。
26 Calogero M. Santoro et al., 'People of the Coastal Atacama Desert', in *Desert Peoples*（前掲書), ed. Veth et al., pp. 250–52.
27 同前、pp. 248, 246.
28 高さ4m、幅10mのポリエチレン製の網目ネットは、それぞれ$1m^2$当たり最大5l、あるいは一日当たり200lの水を集める。Michael Grimm, 'Water Solutions: Farming the Fog', Allianz Knowledge Site (4 March 2011), at http://knowledge.allianz.com を参照。
29 Catherine S. Fowler, 'The Timbisha Shoshone of Death Valley', in *The cambridge Encyclopedia of Hunters and Gatherers* (2006)（前掲書)、at www.credoreference.com.
30 Boris Aleksandrovich Fedorovich and Agadjan G. Babaev, 'Karakum Desert', in *Encyclopaedia Britannica*（ブリタニカ百科事典), at www.britannica.com.
31 Angus M. Fraser, *The Gypsies,* 2nd edn (Oxford, 1995).（アンガス・フレーザー『ジプシー：民族の歴史と文化』水谷驍訳、平凡社、2002年)
32 Colin Duly, *The Houses of Mankind* (London, 1979), pp. 86–7.
33 Nicholas Wade, 'A Host of Mummies, a Forest of Secrets', *New York Times* (15 March 2010), at www.nytimes.com.
34 Colin Thubron, 'The Secrets of the Mummies', *New York Review of Books* (May 12–25, 2011), pp. 17–18.
35 J. P. Mallory and Victor H. Mair, *The Tarim Mummies: Ancient china and the Mystery of the Earliest Peoples from the West* (London, 2000), p. 332.

第4章 先祖たちの芸術

1 Christopher Henshilwood, 'Prosjekt' (2002), at www.uib.no/ personer.
2 Henri Lhote, *The Search for the Tassili Frescoes*, trans. Alan Houghton Brodrick

(London, 1973).
3 J. David Lewis-Williams and T. A. Dowson, 'Through the Veil: San Rock Paintings and the Rock Face', *South African Archaeological Bulletin*, xlv (1990), pp. 5–16.
4 Per Michaelsen and Tasja W. Ebersole, 'The Bradshaw Rock Art System, nw Australia', *Adoranten* (2001), pp. 33–40.
5 Grahame L. Walsh, *Australia's Greatest Rock Art* (Bathurst, NSW, 1988), p. 222; Grahame L. Walsh, *Bradshaws: Ancient Rock Paintings of North-West Australia* (Geneva, 1994), p. 42.
6 Walsh, *Bradshaws*（前掲書）、p. 13.
7 同前、pp. 28–9.
8 同前、pp. 43–6.
9 ブラッドショーの絵の上につくられたジガバチの巣から花粉粒を回収し、光刺激ルミネセンス（OSL）と加速器質量分析（AMS）によって放射性炭素年代測定を行なった結果、絵は17000年以上前のものである可能性が示された。Richard Roberts et al., 'Luminescent Dating of Rock Art and Past Environments Using Mud-wasp Nests in Northern Australia', *Nature*, CCCLXXXVII (1997), pp. 696–9; Howard Morphy, *Aboriginal Art* (New York, 2004), p. 56（ハワード・モーフィ『アボリジニ美術』松山利夫訳、岩波書店、2003年）を参照。
10 Walsh, *Bradshaws*（前掲書）、p. 41.
11 Grahame L. Walsh, *Bradshaw Art of the Kimberley* (Toowong, Queensland, 2001), p. 444; Walsh, *Bradshaws*（前掲書）、pp. 58, 60.
12 J. D. Pettigrew, M. Nugent, A. McPhee and J. Wallman, 'An Unexpected, Stripe-faced Flying Fox in Ice Age Rock Art of Australia's Kimberley', *Antiquity*, LXXXII/318 (December 2008), www.antiquity.ac.uk.
13 Judith Ryan, *Images of Power: The Aboriginal Art of the Kimberley* (Melbourne, 1993), pp. 11–13.
14 Morphy, 前掲書、pp. 55–6.
15 Robert Layton, 'Cultural Context of Hunter-gatherer Rock Art', *Man*, xx/3 (1985), p. 446.
16 1985年、ワルピリ族の女性たちは、マウント・アレン土地所有権要求の根拠の一部として、図画入りの地図をつくった。1997年にはキンバリーの男女60人が、グレート・サンディー砂漠の大部分に対する所有権要求の根拠として、物理的および霊的場所を示した8m×10mのキャンバス製の地図をつくった。
17 Bernardo T. Arriaza, Russell A. Hapke, and Vivien G. Standen, *Making the Dead Beautiful: Mummies as Art*, Archaeological Institute of America (1998), at www.archaeology.org.
18 Jinshi Fan, *The caves of Dunhuang*, ed. and trans. Susan Whitfield (Hong Kong, 2010), pp. 7, 9.
19 M. Aurel Stein, *Ruins of Desert cathay: Personal Narrative of Explorations in central Asia and Western china*, 2 vols (London, 1912), (New York, 1912), vol.

II, pp. 172, 176.
20 Aurel Stein, *On Ancient central-Asian Tracks: Brief Narrative of Three Expeditions in Innermost Asia and Northwestern china* (Chicago, IL, 1964), p. xii.（オーレル・スタイン『中央アジア踏査記』澤崎順之助訳、白水社、1966 年）
21 Stein, *Ruins of Desert cathay*（前掲書）、vol. I, pp. 473, 48l, 487, 492.
22 同前、vol. II, p. 25.
23 Diamond Sutra, British Library, London. Ref. Or.8210/P.2, at www.bl.uk.
24 British Museum, 'Marc Aurel Stein', at www.britishmuseum.org, accessed 27 March 2013.
25 Fan, 前掲書、p. 249.

第 5 章 砂漠の宗教

1「セム」という名はノアの息子セムに由来する。セム系にはヘブライ、アラビア、アラムの民族が含まれる。
2 Barbara J. Sivertsen, *The Parting of the Sea: How Volcanoes, Earthquakes and Plagues Shaped the Story of the Exodus* (Princeton, NJ, 2009) を参照。現在のシナイ山は、ヘブライ語聖書に出てくるシナイ山ではなく、当時ホレブ山として知られていたもの。
3 T. E. Lawrence, *Seven Pillars of Wisdom* (Harmondsworth, 1962),chap. 3.（T・E・ロレンス『知恵の七柱』田隅恒生訳、東洋文庫、1969 年）
4 3500 年前にイランの預言者ゾロアスターによって創設されたゾロアスター教は、世界最古の一神教として知られているが、現在、信奉者はほとんどいない。
5 W.O.E. Oesterley and T. H. Robinson, *Hebrew Religion: Its Origins and Development* (London, 1966), p. 155.
6 Gertrude Bell, *The Desert and the Sown* (London, 1985), p. 10.（G・L・ベル前掲書）
7 Matthew 9:14.（マタイによる福音書第 9 章 14 節）を参照。
8 贖罪の日であるヨーム・キップールは、モーセの律法に定められた唯一の断食日だが（レビ記第 14 章 27 節）、その後、ユダヤ人の悲しい出来事を記念するため、別に四日間の断食日が設けられた。'Feasting and Fast Days', www.jewishencyclopedia.com, accessed 27 March 2013 を参照。
9 Hershey H. Friedman, 'The Simple Life: The Case against Ostentation in Jewish Law', *Jewish Law* (July 2002), at www.jlaw.com.
10「仮庵」の建設についての指示はレビ記 23 章 29 節〜 43 節に見られる。
11 Robert Payne, *Jerome: The Hermit* (New York, 1951), p. 99.
12 John Chryssavgis, *In the Heart of the Desert: The Spirituality of the Desert Fathers and Mothers* (Bloomington, IN, 2008), p. 15.
13 Yi-Fu Tuan, 'Desert and Ice: Ambivalent Aesthetics', in *Landscape, Natural Beauty and the Arts*, ed. Salim Kemal and Ivan Gaskell (Cambridge, 1993), p. 144.
14 Rudolf Otto, *the Idea of the Holy* (Oxford, 197l), pp. 12–31.（ルドルフ・オ

ットー『聖なるもの』山谷省吾訳、岩波文庫、1968 年）
15 R. B. Blakney, *Meister Eckhart: A Modern Translation* (New York, 1941), pp. 200–01.
16 これはいくつかのプロテスタント教会における福音主義復活運動を含み、英国のオックスフォード運動やフランスのカトリック復興運動、とくにスコットランド自由教会やプリマス・ブレザレンの形成につながった。
17 1860 年代までには、アレクサンドリアとエジプトを経由してエルサレムとダマスカスへ向かうというクックの中東パックツアーがあった。'The Grand Tour: Map', www.iub.edu を参照。
18 メディナには強力なユダヤ人居住地があった一方、アラビア南岸にはキリスト教徒やゾロアスター教徒の共同体もあった。アラビア南部とメッカは、偶像崇拝やアニミズム、カアバ崇拝や多神教など、さまざまな宗教的思想を異国から吸収した。
19 アラビア語で *islam* は「服従」を意味する。
20 Andrew B. Smith, 'Desert Solitude: The Evolution of Ideologies Among Pastoralists and Hunter-gatherers in Arid North Africa', in *Desert Peoples*, ed. Peter Veth, Mike Smith and Peter Hiscock (Oxford, 2005), p. 267.
21 C. Opler and M. E. Opler, *Apache Odyssey: A Journey Between Two Worlds* (New York, 1969), p. 24.
22 F. J. Gillen, 'Notes on some Manners and Customs of the Aborigines of the McDonnell Ranges belonging to the Arunta Tribe', in *Horn Scientific Expedition to central Australia*, ed. B. Spencer (Melbourne and London, 1896), vol. iv.
23 T.G.H. Strehlow, 'Personal Monototemism in a Polytotemic Community', in *Festschrift fur Ad. E. Jensen*, ed. E. Haborland (Munich, 1964), pp. 723–53 を参照。
24 Ronald M. Berndt, 'Territoriality and the Problem of Demarcating Socio-cultural Space', in *Tribes and Boundaries in Australia*, ed. Nicolas Peterson (Canberra, 1976), p. 137 を参照。
25 T.G.H. Strehlow, *central Australian Religion*, Special Studies in Religions, vol. ii (Bedford Park, South Australia, 1978), p. 16.
26 Nancy Munn, 'Excluded Spaces: The Figure in the Australian Aboriginal Landscape', *critical Inquiry*, xxii/3 (Spring 1996), pp. 446–65 を参照。
27 *Tjukurpa* はピジャンジャジャラ語で、ワルピリ語では *jukurrpa*
28 L. R. Hiatt and Rhys Jones, 'Aboriginal Conceptions of the Workings of Nature', in *Australian Science in the Making*, ed. R. W. Home (Cambridge, 1988), pp. 1–22 を参照。
29 Jack Davis, 'From the Plane Window', in *Black Life: Poems* (St Lucia, Queensland, 1992), p. 73.
30 Rex Ingamells, 'Uluru, An Apostrophe to Ayers Rock', in *The Jindyworobaks*, ed. Brian Elliott (St Lucia, Queensland, 1979), pp. 33–5.
31 David J. Tacey, *Edge of the Sacred* (Blackburn, Victoria, 1995), p. 8.

第6章 旅行家と探検家たち

1 Ibn Battuta, *The Travels of Ibn Battuta, AD 1325–1354*, trans. C. Defremery and B. R. Sanguinetti (London, 2001), p. 51.
2 N. Levtzion and J.F.P. Hopkins, eds, *corpus of Early Arabic Sources for West African History* (Cambridge, 1981), p. 132.
3 Joseph J. Basile, 'When People Lived at Petra', *Archaeology Odyssey* (July–August 2001), pp. 14–25, 28–31, 59 を参照。
4 Richard Burton, *A Personal Narrative of a Pilgrimage to Al-Medinah and Meccah* (London, 1855) を参照。
5 Charles M. Doughty, *Travels in Arabia Deserta* (London, 1926), p. 6.
6 'Some interest surrounds me for I am the first foreign woman who has ever been in these parts.（私に関心が集まるのは、私がこれらの地域を訪れた最初の外国人女性だからです）' *The Letters of Gertrude Bell*, ed. Lady Florence Bell (London, 1927), p. 63.
7 Janet Wallach, *Desert Queen: The Extraordinary Life of Gertrude Bell* (London, 1996), p. 50.（ジャネット・ウォラック『砂漠の女王：イラク建国の母ガートルード・ベルの生涯』内田優香訳、ソニー・マガジンズ、2006年）
8 Gertrude Bell, 'Preface', *The Desert and the Sown* (London, 1985), p. XX.（G・L・ベル『シリア縦断紀行』田隅恒生訳、平凡社、1994年）
9 サー・ヒュー・ベルは裕福な製鉄業者で炭鉱主だった。Sarah Graham-Brown, 'Introduction', Bell, *The Desert and the Sown*, p. V.（ベル、前掲書）
10 ベルの一行は荷物を運ぶための動物7頭、馬12頭、ラバ追い3人、召使い2人、そして護衛としての兵士2人を必要とした。
11 Sarah Graham-Brown, 'Introduction', 前掲書、p. ix.
12 Bell, 前掲書、pp. 1–2.
13 ディック（Doughty-Wylie）へ見せるための日記の内容、Wallach, 前掲書、p. 118 にて引用。
14 Freya Stark, *A Winter in Arabia* (London, 1941), pp. 246–7.
15 Edward Said, *Orientalism* (Harmondsworth, 1991), p. 224.（エドワード・W・サイード『オリエンタリズム』今沢紀子訳、平凡社、1986年）
16 Wilfred Thesiger, *Arabian Sands* (Harmondsworth, 1964), pp. 37–8.
17 同前、p. 18.
18 Jeannette Mirsky, 'Introduction' to Aurel Stein, *On Ancient central-Asian Tracks* (Chicago, IL, 1964), p. 2.（オーレル・スタイン『中央アジア踏査記』澤崎順之助訳、白水社、1984年）
19 Ella K. Maillart, *Turkestan Solo: One Woman's Journey from the Tien Shin to the Kizil Kum* (London, 1938), p. 33.
20 同前、p. 324.
21 同前、p. m33.
22 Mildred Cable with Francesca French, *The Gobi Desert* (London, 1950), p. 172.
23 同前、p. 276.

24 同前、p. 23.
25 同前、pp. 289–93.
26 同前、pp. 63–4.
27 同前、p. 287.
28 同前、p. 172.
29 Charles Blackmore, *crossing the Desert of Death: Through the Fearsome Taklamakan* (London, 1995), p. 7.
30 同前、p. 166.
31 Ernest Giles, *Australia Twice Traversed*, 2 vols (London, 1889), vol. Ii, Book III, p. 202.
32 Charles Sturt, *Narrative of an Expedition into central Australia, 1844–45* (London, 1849), vol. i, p. 265.
33 Charles Sturt, *Journal of the central Australian Expedition, 1844–5*, ed. J. Waterhouse (London, 1984), p. 45.
34 この場面を生き生きと描いた、Nicholas Chevalier による *Memorandum of the Start of the Exploring Expedition*（油彩、キャンバス、南オーストラリア美術館所蔵、アデレード、1860年）を参照。
35 J. S. Keltie and H. R. Mill, eds, *Report of the Sixth International Geographical congress, Held in London, 1895* (London, 1896), p. 780.
36 Ernest Shackleton, *The Heart of the Antarctic*, 2 vols (New York, 1999), vol. I, p. 1.
37 Roald Amundsen, *The South Pole*, trans. A. G. Chater, n vols (London, 1912), vol. i, pp. XXIX–XXX.（ローアル・アムンセン『南極点』中田修訳、朝日新聞社、1990年）
38 Edward J. Larson, *Empire of Ice: Scott, Shackleton, and the Heroic Age of Antarctic Science* (New Haven, ct, 2011), pp. 145, 148.
39 Ursula K. Le Guin, 'Heroes', in *Dancing at the End of the World* (New York, 1989), p. 175.（アーシュラ・K・ル＝グウィン『世界の果てでダンス』篠目清美訳、白水社、1997年）
40 モーソンは、スコットからテラ・ノヴァ号での探検に加わるように誘われたが、それをただの南極点初到達競争にすぎないとして断った。
41 Lennard Bickel, *Mawson's Will: the Greatest Polar Survival Story Ever Written* (Hanover, NH, 200l).
42 バードのチームには31台の受信機、24台の送信機があり、5人の無線技師がいた。
43 Richard E. Byrd, *Alone* (New York, 1995), p. 4.（リチャード・バード『南極でただひとり』『世界ジュニアノンフィクション全集10』収録、那須辰造訳、講談社、1962年）
44 同前、p. 161.
45 Charles Laseron, *Diary*, 23 November 1912. Mitchell Library, State Library of New South Wales, Sydney, ML MSS385.
46 極海を航行する者にとって、氷映はその先に氷しかないことを示す。
47 Charles Harrisson, *Diary*, n October 1912, Mitchell Library, State Library of

New South Wales, Sydney, ML MSS386.
48 モーソンと違って、ジャーヴィスは撮影隊を同行させ、医師に健康状態をチェックさせるなどの安全対策を取ったが、基本的にはモーソンと同じようにした。*Mawson: Life and Death in Antarctica* (Orana Films, 2007) and *Mawson: Life and Death in Antarctica* (Melbourne, 2008) を参照。
49 Penelope Debelle, 'Elation for Adelaide Adventurer Tim Jarvis as Epic Antarctic Trek Ends', www.adelaidenow.com.au, 11 February 2013 を参照。
5l Greg Callaghan, '10 Questions with Tim Jarvis, Adventurer and Environmental Scientist, 46', *Weekend Australian Magazine* (29–30 September 2012), p. 8.

第 7 章 想像の砂漠

1 その像はシェリーの詩が発表された直後の 1818 年にロンドンに届いた。
2 Percy Bysshe Shelley, 'Ozymandias' [1818], in *Shelley: A Selection*, ed. Isabel Quigly (Harmondsworth, 1956), p. 107.
3 Bernard Smith, 'Coleridge's *Ancient Mariner* and Cook's Second Voyage', in *Imagining the Pacific: In the Wake of the cook Voyages* (Melbourne, 1992), chap. 6, pp. 135–71 を参照。
4 John Livingston Lowes, *The Road to Xanadu: A Study in the Ways of the Imagination* (London, 1955), pp. 103–311.
5 Samuel Taylor Coleridge, 'The Rime of the Ancient Mariner', in *The complete Poems*, ed. William Keach (London, 1997), p. 169.（S・T・コールリッジ「老水夫行」『S・T・コールリッジ詩集』収録、野上憲男訳、成美堂、1996 年）
6 James Elroy Flecker, 'The Gates of Damascus', in *The collected Poems*, p. 151.
7 H. Rider Haggard, Patrick Brantlinger, *Rule of Darkness: British Literature and Imperialism, 1830–1914* (Ithaca, NY, 1988), p. 239 にて引用。
8 P. C. Wren, *Beau Geste* (Ware, Herts, 1994), p. 1.（P・C・レン『ボゥ・ジェスト』上下、佐々木峻訳、英宝社、1952 年）
9 J.-M.G. Le Clezio, *Desert*, trans. C. Dickson (London, 2010), pp. 1–2.（J・M・G・ル・クレジオ『砂漠』望月芳郎訳、河出書房新社、1983 年）
10 Antoine de Saint-Exupery, *Wind, Sand and Stars* (Harmondsworth, 1973), pp. 63, 75.（サン＝テグジュペリ『人間の土地』『サン＝テグジュペリ著作集 1』収録、山崎庸一郎訳、みすず書房、1962 年）
11 Laura Marks, 'Asphalt Nomadism: The New Desert in Arab Independent Cinemas', in *Landscape and Film*, ed. Martin Lefebre (London, 2006), pp. 1–30.
12 John C. Van Dyke, *The Desert* (New York, 1901), pp. 26, 56.
13 たとえば、Alexander Ernest Favenc, *The Secret of the Australian Desert* (1896); George Scott, *The Last Lemurian* (1898); Alexander McDonald, *The Lost Explorers* (1906).
14 たとえば、James F. Hogan, *The Lost Explorer* (1890), and Ernest Favenc, 前掲書を参照。
15 Roslynn D. Haynes, *Seeking the centre: The Australian Desert in Literature, Art and Film* (Cambridge, 1998), pp. 129–42 を参照。

16 C.E.W. Bean, *The Dreadnought of the Darling* (London, 1911), pp. 317–18.
17 Pene Greet and Gina Price, *Frost Bytes* (Sydney, 1995); Robin Burns, *Just Tell Them I Survived!: Women in Antarctica* (Sydney, 2001).
18 Ursula K. Le Guin, 'Sur', in *The Penguin Book of Modern Fantasy by Women*, ed. Susan Williams and Richard Glyn Jones (London, 1995), pp. 389–90.（アーシュラ・K・ル＝グウィン「スール」『コンパス・ローズ』収録、越智道雄訳、サンリオ文庫、1083 年）
19 Barcroft Boake, 'Where the Dead Men Lie', in *The Penguin Book of Australian Ballads*, ed. Philip Butterss and Elizabeth Webby (Ringwood, Victoria, 1993), pp. 242–3.
20 アリス・スプリングズからダーウィンに向けて恋人と旅をしていた英国人旅行者のピーター・ファルコニオは、見知らぬ男に呼び止められた。車の不具合を警告するように見せかけた男はファルコニオを射殺し、恋人の女性を拉致して走り去った。女性は逃げ出したが、ファルコニオの遺体は見つかっていない。'Murdoch v The Queen [2007] NTCCA 1', 10 January 2007, www.supremecourt.nt.gov.au を参照。
21 「シムーン」はサハラをはじめ、中東やアラビアの砂漠で吹く砂混じりの熱風を指すことから、ポーはこの言葉を比喩的・効果的に用いている。
22 1951 年の映画は、当時の冷戦を示唆してか、北極が舞台となっている。1982 年と 2011 年の映画は、キャンベルの原作と同様、南極が舞台となっている。
23 ピエール・ロティは、ジュリアン・マリー・ヴィオのペンネーム（1850 年～ 1923 年）
24 Pierre Loti, *The Desert*, trans. Jay Paul Minn (Salt Lake City, UT, 1993), pp. 14–15.
25 E.L. Grant Watson, *Daimon* (London, 19n5), p. 315.
26 Randolph Stow, *Tourmaline* (Sydney, 1963), p. 7.
27 Randolph Stow, Poem i of 'From the Testament of Tourmaline', in *A counterfeit Silence: Selected Poems* (Sydney, 1969), pp. 71–5.
28 Stow, *Tourmaline*（前掲書）、pp. 220–21.
29 Patrick White, 'The Prodigal Son', in *Australian Letters*, ed. Geoffrey Dutton and Max Harris, I/3 (1958), p. 8.
30 Patrick White, *Voss (*Harmondsworth, 1963), pp. 87–8.（パトリック・ホワイト『ヴォス：オーストラリア探検家の物語』越智道雄訳、サイマル出版会、1975 年）
31 Patrick White, Letter to Ben Huebsch, 11 September 1956, in *Patrick White, Letters*, ed. David Marr (Sydney, 1994), p. 108.
32 Yi-Fu Tuan, 'Desert and Ice: Ambivalent Aesthetics in Landscape', in *Landscape, Natural Beauty and the Arts*, ed. Salim Kemal and Ivan Gaskell (Cambridge, 1993), p. 155.
33 White, 前掲書、p. 446.

第 8 章 西洋芸術における砂漠

1 その山羊は 12 日後に極度の疲労から死亡し、別の山羊も見つからなかったため、ハントはイングランドで絵を完成させた。
2 Edward Lear, Gerard-Georges Lemaires, *The Orient in Western Art* (Paris, 2001), p. 174 にて引用。
3 ジョージ・ランバートの『エリコへの道 (*The Road to Jericho*)』(1919 年) は、ハンス・ヘイセンに影響を与えた。
4 *Boston Evening Transcript* (5 December 1855), p. 1, *New Worlds from Old: 19th century Australian and American Landscapes*, ed. Elizabeth Johns, Andrew Sayers and Elizabeth Mankin Kornhauser with Amy Ellis (Canberra, 1998), p. 117 にて引用。
5 Quoted in Lisa Messenger, 'Georgia O'Keeffe', *Metropolitan Museum of Art Bulletin*, XLII/2 (1984), p. 43 にて引用。
6 Lisa Mintz Messenger, *Georgia O'Keeffe* (New York, 1988), p. 72 にて引用。
7 ジョージア・オキーフ『黒いメサの風景、ニューメキシコ/マリーの家の外 (*Black Mesa Landscape, New Mexico/Out Back of Marie's II*)』、油彩、キャンバス、ジョージア・オキーフ美術館、サンタフェ、1930 年。
8 エドワード・フローム『トレンズ湖と呼ばれる塩砂漠の最初の眺め (*First View of the Salt Desert – called Lake Torrens*)』、水彩、紙、南オーストラリア美術館、アデレード、1843 年。
9 Hans Heysen, Letter to Lionel Lindsay, Colin Thiele, *Heysen of Hahndorf* (Adelaide, 1968), p. 202 にて引用。
10 Hans Heysen, Letter to Sydney Ure Smith, 19n6, *Hans Heysen centenary Retrospective, 1877–1977* (Adelaide, 1977) にて引用。
11 ハンス・ヘイセン『ブラキナ渓谷の守護者 (*Guardian of the Brachina Gorge*)』、水彩、チャコール、ヴィクトリア国立美術館、メルボルン、1937 年。
12 Hans Heysen, Letter to Lionel Lindsay, 23 August 1928, Thiele の引用 , 前掲書, p. 205 にて引用。
13 ラッセル・ドライズデール、『中国の壁 (*The Walls of china (Gol Gol)*』油彩、ハードボード、ニューサウスウェールズ州立美術館、シドニー、1945 年。
14 ラッセル・ドライズデール、『犬に餌をやる男 (*Man Feeding His Dogs*)』油彩、キャンバス、クイーンズランド美術館、ブリズベン、1941 年。
15 Cynthia Nolan, *Outback* (London, 196n), p. 31.
16 Sandra McGrath and John Olsen, *The Artist and the Desert* (Sydney, 1981), p. 60 にて引用。
17 Sidney Nolan, in Elwyn Lynn and Sidney Nolan, *Sidney Nolan: Australia* (Sydney, 1979), p. 13.
18 Roslynn D. Haynes, *Seeking the centre: The Australian Desert in Literature, Art and Film* (Cambridge, 1998), pp. 212–15 を参照。
19 Barrett Reid, 'A Landscape of a Painter: The Sidney Nolan Retrospective Exhibition', *Art and Australia*, XXV/2 (1987), p. 181
20 Stephen J. Pyne, *The Ice: A Journey to Antarctica* (Iowa City, IO, 1986), pp. 151, 152.

21 この絵は、James Cook の *A Voyage Towards the South Pole and Round the World* (London, 1777) に版画 (Volume I, Plate 30) として掲載された。
22 ルイス・ベルナッチ（1876年～1942年）は、カールステン・ボルヒグレヴィンクのサザンクロス号探検隊（1898年～1900年）、さらにスコットのディスカヴァリー号探検隊（1901年～04年）のメンバーだった。天文学と物理学の教育を受けた彼は、王立地理学協会メダル、王室南極メダル、レジヨン・ドヌール勲章を授与された。
23 G. E. Fogg and David Smith, *The Explorations of Antarctica: The Last Unspoiled continent* (London, 1990), p.78.
24 Lynne Andrews の私信、21 June 2012.
25 Les Murray, 'Equanimity', in *collected Poems* (Melbourne, 1994), p. 180.

第9章 砂漠の資源と可能性

1 United Nations Environment Programme, 'Status of the World's Deserts', in *Global Deserts Outlook* (2006), at www.unep.org.
2 国連専門機関の意見（UNEP 国連環境計画 1997年）に基づく世界人為的土壌劣化評価（GLASOD）
3 'Desert Life Threatened by Climate Change and Human Exploitation', *Independent*, 5 June 2006, at www.independent.co.uk.
4 ウズベキスタンは、アム・ダリヤ川から一日に 1ha 当たり 14000 m^3 の水を引き出している。147万 ha の土地に供給すれば、その水量は年間 20km^3 以上になる。環境公正財団, at www.ejfoundation.org.
5 'South Aral Sea "Gone in 15 Years"', *New Scientist*, 21 July 2003, at www.newscientist.com.
6 'Turkmenistan's "Door to Hell"', 25 March 2006, at www.gadling.com.
7 Hugo I. Romero, Pamela Smith and Alexis Vasquez, 'Global Changes and Economic Globalization in the Andes: Challenges for Developing Nations', in *Alpine Space – Man and Environment*, vol. VII (Innsbruck, 2009).
8 'cnic Naval Air Weapons Station China Lake', at http://www.cnic.navy.mil/chinalake.
9 John Cooper, 'Biosecurity and Quarantine Guidelines for acap Breeding Sites', August 2011, at www.acap.aq.
10 'Plugging the World into Desert Sun', *Sydney Morning Herald* (23 February 2011), at ww.smh.com.au を参照。
11 Michael G. Burton, 'Astronomy in Antarctica', *Astronomy and Astrophysics Review*, xviii/4 (2010), pp. 417–69.

参考文献

Andrews, Lynne, *Antarctic Eye: The Visual Journey* (Mt Rumney, Tasmania, 2007)
Armstrong, Karen, *Islam: A Short History* (New York, 2000)
Bell, Gertrude, *The Desert and the Sown* (London, 1985) G・L・ベル『シリア縦断紀行』、田隅恒生訳、平凡社、1994年〜1995年
Bickell, Lennard, *Mawson's Will: The Greatest Polar Survival Story Ever Written* (Hanover, NH, 2000)
Blackmore, Charles, *crossing the Desert of Death: Through the Fearsome Taklamakan* (London, 1995)
Byrd, Richard E., *Alone* (New York, Tokyo and London, 1995) リチャード・バード『南極でただひとり』(『世界ジュニアノンフィクション全集10』収録)、那須辰造訳、講談社、1963年
Cable, Mildred, with Francesca French, *The Gobi Desert* (London, 1950)
Cherry-Garrard, Apsley, *The Worst Journey in the World* (London, 1994) アプスレイ・チェリー＝ガラード『世界最悪の旅』、加納一郎訳、朋文堂、1944年
Coleridge, Samuel Taylor, 'The Rime of the Ancient Mariner', in *The complete Poems*, ed. William Keach (London, 1997), pp. m66–80　S・T・コールリッジ「老水夫行」(『S・T・コールリッジ詩集』収録)、野上憲男訳、成美堂、1996年
Costello, D. F., *The Desert World* (New York, 1972)
Davidson, Robyn, *Tracks* (London, 1980) ロビン・デビッドソン『ロビンが跳ねた：ラクダと犬と砂漠 オーストラリア砂漠横断の旅』、田中研二訳、冬樹社、1990年
Fan, Jinshi, *The caves of Dunhuang*, ed. and trans. Susan Whitfield (Hong Kong, 2010)
Haynes, Roslynn D., *Seeking the centre: The Australian Desert in Literature, Art and Film* (Cambridge, New York and Melbourne, 1998)
Huntford, Roland, *The Last Place on Earth* (London, 1985)
Keneally, Thomas, *A Victim of the Aurora* (London, 1977)
Larson, Edward J., *Empire of Ice: Scott, Shackleton, and the Heroic Age of Antarctic Science* (New Haven, CT, 2011)
Lawrence, T. E., *The Seven Pillars of Wisdom: A Triumph* (Harmondsworth, 1962) T・E・ロレンス『知恵の七柱』、田隅恒生訳、平凡社、2008年〜2009年

Le Clezio, J.-M.G., *Desert*, trans. C. Dickson (London, 2010) J・M・G・ル・クレジオ『砂漠』、望月芳郎訳、河出書房新社、1983年

LeGuin, Ursula, 'Sur', in *The Penguin Book of Modern Fantasy by Women*, ed. Susan Williams and Richard Glyn Jones (London, 1995), pp. 389–90 アーシュラ・K・ル＝グウィン『スール』（『コンパス・ローズ』収録）、越智道雄訳、筑摩書房、2013年

Lee, Richard B., *The !Kung San: Men, Women, and Work in a Foraging Society* (Cambridge, 1979)

Lemaires, Gerard-Georges, *The Orient in Western Art* (Paris, 2000)

Lewis-Williams, J. D., *The Rock Art of Southern Africa* (Cambridge, 1983)

Lhote, Henri, *The Search for the Tassili Frescoes: The Story of Prehistoric Rock-Paintings of the Sahara*, trans., Alan Houghton Brodrick (London, 1973)

Maillart, Ella K., *Turkestan Solo: One Woman's Expedition from the Tien Shan to the Kizil Kum*, trans. John Rodker (London, 1938)

Mallory, J. P., and Victor H. Mair, *The Tarim Mummies: Ancient china and the Earliest Peoples from the West* (London, 2000)

Marks, Laura, 'Asphalt Nomadism: The New Desert in Arab Independent Cinemas', in *Landscape and Film*, ed. Martin Lefebvre (London, 2006), pp. 1–3l

Mawson, Douglas, *The Home of the Blizzard: The Story of the Australasian Antarctic Expedition, 1911–1914* (London, 1915)

Messenger, Lisa Mintz, *Georgia O'Keeffe* (New York, 1988)

Morphy, Howard, *Aboriginal Art* (New York, 2004) ハワード・モーフィ『アボリジニ美術』、松山利夫訳、岩波書店、2003年

Oesterley, W.O.E., and Theodore H. Robinson, *Hebrew Religion: Its Origin and Development* (London, 1949)

Oosterzee, Penny van, *The centre: The Natural History of Australia's Desert Regions* (Chatswood, NSW, 1993)

Otto, Rudolf, *The Idea of the Holy,* trans. John W. Harvey (London, 1958) ルドルフ・オットー『聖なるもの』、山谷省吾訳、岩波書店、1968年

Panter-Brick, Catherine, Robert H. Layton and Peter Rowley-Conwy, eds, *Hunter-Gatherers: An Interdisciplinary Perspective* (Cambridge, 2001)

Pyne, Stephen J., *The Ice: A Journey to Antarctica* (Iowa City, 1986)

Ryan, Judith, *Images of Power: The Aboriginal Art of the Kimberley* (Melbourne, 1993)

Sahlins, Marshall, *Stone Age Economics* (London, 1972) マーシャル・サーリンズ『石器時代の経済学』、山内昶訳、法政大学出版局、1984年

Saint-Exupery, Antoine de, *Wind, Sand and Stars* (Harmondsworth, 1973) サン＝テグジュペリ『人間の土地』（『サン＝テグジュペリ著作集1』収録）、山崎庸一郎訳、みすず書房、1983年

Said, Edward W., *Orientalism: Western conceptions of the Orient* (Harmondsworth, 1991) エドワード・W・サイード『オリエンタリズム』、今沢紀子訳、平凡社、1986年

Smith, Mike, and Paul Hesse, eds, *23°S: Archaeology and Environmental History of the Southern Deserts* (Canberra, 2005)

Stark, Freya, *A Winter in Arabia* (London, 1940)

——, *The Valleys of the Assassins and other Persian Travels* (London, 1940) フレヤ・スターク『暗殺教団の谷：女ひとりイスラム辺境を行く』、勝藤猛訳、社会思想社、1982年

Stein, M. Aurel, *On Ancient central-Asian Tracks: Brief Narrative of Three Expeditions in Innermost Asia and Northwestern china* (Chicago, IL, 1964) オーレル・スタイン『中央アジア踏査記』、澤崎順之助訳、白水社、1984年

——, *Ruins of Desert cathay: Personal Narrative of Explorations in central Asia and Western china*, 2 vols (London, 1912)

Stewart, Douglas, *Fire on the Snow* (Sydney, 1963)

Stow, Randolph, *Tourmaline* (Sydney, 1963)

Thesiger, Wilfred, *Arabian Sands* (Harmondsworth, 1964)

Tuan, Yi-Fu, 'Desert and Ice: Ambivalent Aesthetics', in *Landscape, Natural Beauty and the Arts*, ed. Salim Kemal and Ivan Gaskell (Cambridge, 1993), pp. 139–57

Van der Post, Laurens, *The Lost World of the Kalahari* (Harmondsworth, 1972) L・ヴァン・デル・ポスト『カラハリの失われた世界』、佐藤喬・佐藤佐智子訳、筑摩書房、1970年

Veth, Peter, Mike Smith and Peter Hiscock, *Desert Peoples: Archaeological Perspectives* (Oxford, 2003)

Wallach, Janet, *Desert Queen: The Extraordinary Life of Gertrude Bell* (London, 1996) ジャネット・ウォラック『砂漠の女王：イラク建国の母ガートルード・ベルの生涯』、内田優香訳、ソニー・マガジンズ、2006年

Walsh, Grahame L., *Australia's Greatest Rock Art* (Bathurst, NSW, 1988)

——, *Bradshaws: Ancient Rock Paintings of North-West Australia* (Geneva, 1994)

——, *Bradshaw Art of the Kimberley* (Toowong, Qld, 2000)

Watson, E. L. Grant, *Daimon* (London, 1925)

White, Patrick, *Voss* (Harmondsworth, 1963) パトリック・ホワイト『ヴォス：オーストラリア探検家の物語』、越智道雄訳、サイマル出版会、1975年

関連団体名およびウェブサイト

BBC 宗教チャンネル　BBC Religions
www.bbc.co.uk/religion/religions

NASA (National Aeronautics and Space Administration)
www.nasa.gov

アフリカ先住民族調整委員会　Indigenous Peoples of Africa Coordinating Committee (IPACC)
www.ipacc.org.za

英国南極研究所　British Antarctic Survey
www.antarctica.ac.uk

欧州宇宙機関　European Space Agency
www.esa.int

オーストラリア南極局　Australian Antarctic Division
www.antarctica.gov.au

カリフォルニア大学古生物博物館　University of California Museum of Paleontology
www.ucmp.berkeley.edu/glossary/gloss5/biome/deserts

ケンブリッジ大学スコット極地研究所　Scott Polar Research Institute, University of Cambridge
www.spri.cam.ac.uk

国際連合砂漠化対処条約　United Nations Convention to Combat Desertification
www.unccd.int

国際敦煌プロジェクト：シルクロード オンライン　International Dun Huang Project: The Silk Road Online
http://idp.bl.uk

国際連合環境計画、地球砂漠概況　United Nations Environment Programme, Global Deserts Outlook
www.unep.org/geo/gdoutlook

砂漠研究所　Desert Research Institute
www.dri.edu

ジョージア・オキーフ美術館　Georgia O'Keeffe Museum
www.okeeffemuseum.org

シルクロード財団　The Silk Road Foundation
www.silkroadfoundatoin.org

スクエア・キロメートル・アレイ・テレスコープ　Square Kilometre Array Telescope
www.skatelescope.org

南極科学委員会　Scientific Committee on Antarctic Research
www.astronomy.scar.org

ニューサウスウェールズ州立美術館　Art Gallery of New South Wales
www.artgallery.nsw.gov.au

ブラッドショー財団　Bradshaw Foundation
www.bradshawfoundation.com

文化地理学ジャーナル　Journal of Cultural Geography
www.tandfonline.com

放牧地管理協会　Society for Range Management
www.rangelands.org

図 版

Photos Peter and Christine Alexander: pp. 43, 47, 54; photo alma (eso/ naoj/nrao)/L. Calcada (eso): p. nl4; collection the artist (Lynne Andrews): p. m95 (top); courtesy Atlas Obscura: p. n5; photo Dr Jamila Bargach: p. 79; Bibliotheque Nationale, Paris: p. mnl; photo Brian Boyle (csiro): p. nl3; courtesy Bradshaw Foundation: pp. 93, 94, 95; British Library, London: p. ml5; courtesy Brooklyn Museum, New York: p. m8n; photo courtesy Robin Burns: p. m39; photo Captmondo: p. n6; Carly Googles Blogspot .com: pp. m48–9; from Samuel Taylor Coleridge, *The Rime of the Ancient Mariner* (London, m876): p. m5l; Cologne University Botanical Collection: p. 4n; from James Cook, *A voyage towards the South Pole, and round the World. Performed in His Majesty's ships the Resolution and Adventure, in the years 1772, 1773, 1774, and 1775. Written by James cook, commander of the Resolution . . . In two volumes illustrated with maps and charts* . . . (London, m777): p. m88; photo de Benutzer: Kookaburra: p. m68; courtesy Francoise Dussart: p. 98; Fondazione Contini Bonacossi, Florence: p. mm7 (left); photo Glenn Grant, National Science Foundation: p. nl8; photo Gruban, courtesy Getintravel .com: p. 9n; courtesy Elizabeth Hawes: p. m93; Hearst Castle, San Simeon, California: p. m74 (foot); photo H. H. Heyer (eso): p. nl5; photo G. Hudepohl (eso) (atacamaphoto.com): p. nl6; photo Al-Jazeera: p. mnm; courtesy R. G. Kimber: p. 97; Lady Lever Art Gallery, Port Sunlight: p. m79; photos Library of Congress, Washington, dc: pp. 8l, 85, m74 (top); photo Daniel Luong-van: p. 36; photo Joe Mastro i anni (National Science Foundation): p. 35; from the *Maqâmât al-Harîrî* of Abû Muhammad al-Qâsim ibn Ali ibn Muhammad ibn Uthman al-Harîrî, illustrated by Yah. yâ ibn Mah. mûd al-Wâsit. î: p. mnl; photo Baptiste Marcel: p. m3m; photo Mhwater: p. 75; Minneapolis Institute of Arts, Minneapolis, Minnesota: p. m77; Museum of Fine Arts, Boston: pp. ml9, m78; photos nasa/gsfc/meti/ersdac/jaros, and u.s./Japan aster Science Team: pp. m6, n7; Collection National Mari - time Museum, Greenwich: p. m9l; published with permission from omf (Overseas Missionary Fellowship) International www. omf. org: p. m36; photo K. Otpushcheia: p. m79; Paleozoological Museum of China: p. n6; photo Nick Powell (National Science Foundation): p. 34; photos Sergei Mikhailovich Prokudin-Gorskii: pp. 8l, 85; photo Qfln47: pp. n8–9; photo Rabanus Flavus: p. mm7 (right); photo Jeremy Richards/ Shutterstock.com: p. 8n; collection the artist (Christian Clare Robertson): pp. m94, m95 (foot); photo Roke: p. m4n; photo Alexander Romanovich/ Shutterstock.com: p. 86; The Rosewood Corporation, Dallas, Texas: p. m8l; courtesy State Library of Victoria: p. m84; from M. Aurel Stein, *From Ruins of Desert cathay: Personal Narrative of Explorations in central Asia and Westernmost china*, vol. i (London, m9mn): p. mln; vol. ii (London, m9mn): pp. ml6, m34; photo Sullynyflhi: p. 4m; photo Tentoila at en.wikipedia: p. mm6; photo Jarek Tuszynski: p. 44; photo u.s.Navy, National Science Foundation: p. m47; photo Vanilla Travel: p. n3; photo Cresalde Jumbas Victoriano: p. 67 (foot); photos Wang Da-Gang (courtesy *New York Times*, m5 March nlml): p. 87; photo Mark A. Wilson: p. nl.

Ian Duffy, the copyright holder of the image on p. 6n, **magharebia**, the copyright holder of the image on p. m4 (foot), **Umberto Salvagnin**, the copyright holder of the image on p. 57, **Tanenhaus**, the copyright holder of the image on p. 68, **Pablo Trincado**, the copyright holder of the image on p. mlm, and **Faraz Usmani**, the copyright holder of the image on p. 84, have published these online under conditions imposed by a Creative Commons Attribution n.1 Generic license; **Boston at en.wikipedia**, the copyright holder of the image on p. 9l, **Ed Brambley**, the copyright holder of the image on p. 67 (top), **flydime**, the copyright holder of the image on p. nlm, **Andries Ouds hoorn**, the copyright holder of the image on pp. m8–m9, **Rosino**, the copyright holder of the image on p. 9, and **Whinging Pom**, the copyright holder of the image on p. 99, have published these online under conditions imposed by a Creative Commons Attribution-Share Alike n.1 Generic license; **Luca Galuzzi**, the copyright holder of the images on pp. mn, m4 (top), 3m and 9m, and **Dustin Ramsey (Kralizec)**, the copyright holder of the image on p. mll, have published these online under conditions imposed by a Creative Commons Attribution-Share Alike n.5 Generic license; **Sigismund von Dobschütz**, the copyright holder of the image on p. m38, **DVL**, the copyright holder of the image on p. 7n, **Dysmorodrepanis**, the copyright holder of the image on p. 4n, **FlyingToaster**, the copyright holder of the image on p. 53, **Grauesel**, the copyright holder of the image on p. mm3, **H. Grobe**, the copyright holder of the image on p. 7m, **Jörn Heise**, the copyright holder of the image on p. m3n, **Hans Hillewaert**, the copyright holder of the images on pp. 5m, 58, **Melissa Jamkotchian**, the copyright holder of the image on p. 38, **LRBurdak**, the copyright holder of the image on p. 8m, **Nepenthes**, the copy right holder of the image on p. m5, **John O'Neill**, the copyright holder of the image on p. 56, **John Proctor**, the copyright holder of the image on p. nn, **Thomas Schoch**, the copyright holder of the image on p. 46, **Tiger hawkvok**, the copyright holder of the image on p. 55, **Tkn20**, the copyright holder of the image on p. 83, **Brian Voon Yee Yap**, the copyright holder of the image on p. 49, **Moritz Zimmermann**, the copyright holder of the image on pp. m6n–3, and **Zootalures**, the copyright holder of the image on p. 3n, have published these online under conditions imposed by a Creative Commons Attribution-Share Alike 3.1 Unported license; **Bernard Gagnon**, the copyright holder of the image on p. mn8, **Elmar Thiel**, the copyright holder of the image on p. m7, and **Linus Wolf**, the copyright holder of the image on p. 89, have published these online under conditions imposed by a Creative Commons Attribution-Share Alike Creative Commons Attribution-Share Alike 3.1 Unported, n.5 Generic, n.1 Generic and m.1 Generic license.

索引

あ

アイザックス、ジェニファー 88
アカカンガルー 59, 60
アタカマ砂漠 31, 32, 33, 46, 48, 56, 78, 79, 100, 204, 205
アタカマ砂漠 31, 32, 33, 46, 48, 56, 78, 79, 100, 204, 205
アタカメーニョ族 78
アダムズ、アンセル 182, 183
アボリジニー 21, 22, 76, 77, 78, 87, 88, 93, 95, 96, 97, 99, 100, 121, 122, 123, 124, 140, 161, 164, 171, 173, 202
アマジグ → ベルベル人 70, 71
アムンゼン、ロアール 126, 144, 165
アラビア砂漠 13, 14, 15, 110, 111, 127, 130
『アラビアのロレンス』 156, 158
アラル海 26, 30, 199, 200
アルマシー、ラズロ 91, 159
アントニウス、聖 115
アンドルーズ、リン 193, 196
サン=テグジュペリ、アントワーヌ・ド 155

い

イスラム教 66, 69, 108, 110, 118, 119, 127, 137, 160
岩絵 12, 87, 88, 89, 90, 91, 92, 94, 95, 96, 98, 99, 100
インガメルス、レックス 123
『イングリッシュ・ペイシェント』 159

う

ヴァン・ダイク、ジョン 161
　『砂漠（The Desert）』 162
ウイグル 7, 30, 83, 84, 86, 104, 106, 137, 139
ウィルズ、ウィリアム 142
ヴェッダー、エリュー 178
　『スフィンクスに問いかける人』 178
ウェルウィッチア 45, 46
ウォルシュ、グレアム 95, 96
『ウルフクリーク：猟奇殺人谷 167
ウルル 22, 123, 124, 186

え

エア、エドワード・ジョン 172
エア湖 21
エアーズ・ロック
　→ ウルル 22
エックハルト、マイスター 117
エッセネ派 113, 114
『エデンの園からの追放』 109
円形移動式テント 83
　→ ゲル 83

お

『オヴァランダース』 164
オキーフ、ジョージア 181, 182
　『雄羊の頭、白いタチアオイ、丘』 182
　『黒いメサの風景、ニューメキシコ／マリーの家の外』 182
　『ニューメキシコ、アビキュー付近』 181
『オーストラリア』（映画） 164
オットー、ルドルフ 115
『雄羊の頭、白いタチアオイ、丘』（ジョージア・オキーフ） 182
泳ぐ人の洞窟 90, 159
『オリエンタリズム』 133
　→ サイード、エドワード 133
オリエンタリズム 176
温暖化 37

か

カエル 21, 52, 53
核実験 140, 202
火山
　クラカタウ山（インドネシア） 5
　グラハム島 5
化石 12, 19, 25, 30, 35, 45, 50
化石水 17
化石燃料 205
カメ 30
カラクム運河 27, 81, 200
カラクム砂漠 26, 81, 200, 201
カラハリ砂漠 17, 43, 56, 58, 73, 91
観光事業 65, 117, 198, 202
寒冬砂漠 13, 24

き

キズィル・クム砂漠 30, 60, 135, 199

ギブソン砂漠 23
旧約聖書の預言者 8, 108, 112
恐竜 12, 25, 30, 35
霧 32, 40, 45, 46, 50, 51, 54, 78
キリスト教 3, 69, 93, 108, 109, 110, 114, 115, 118, 123, 137
霧ネット 50
霧の甲虫 51
ギル、S・T 142

く

「空虚な一角」 133
グレート・ヴィクトリア砂漠 22, 23, 202
グレート・サンディー砂漠 22, 23
グレート・ベースン砂漠 20, 28, 31
『黒いメサの風景、ニューメキシコ／マリーの家の外』（ジョージア・オキーフ） 182
クン族 72, 73, 74, 75, 76, 91, 92, 93
クン族の岩絵 92

け

ケーブル、ミルドレッド 136, 138
ゲル 83

こ

高温砂漠 8, 13, 19, 22, 31, 61, 168, 170
甲虫類 50
荒野 8, 24, 31, 35, 42, 65, 67, 108, 109, 111, 112, 113, 114, 115, 116, 117, 123, 130, 133, 138, 161, 164, 171, 177, 187
荒野の教父 8, 108, 115, 116, 138
ゴシック・ホラー 153
ゴビ砂漠 24, 25, 30, 61, 83, 136, 138
コール、トマス 109
コールリッジ、サミュエル 151, 152, 189
金剛般若経 105, 107

さ

採掘 201
サイード、エドワード 133
　『オリエンタリズム』 133
砂丘 8, 11, 12, 13, 15, 17, 19, 21, 22, 23, 24, 25, 27, 30, 32, 33, 43, 45, 48, 50, 52, 139, 140, 142, 148, 161, 181, 200, 203
　平行 24
　星型 25, 30
　三日月型 27, 30, 33, 138

砂丘列 11, 23, 24, 142, 148
　エルグ 11
『砂漠』（J＝M・G・ル・クレジオ） 155
砂漠
　一時的 8
　気温 11, 198
　啓示 110, 118
　定義 7, 11
　否定 10
砂漠化 20, 25, 197, 199
『砂漠の歌』 154
砂漠の放浪者（Wanderers of the Desert） 160
サハラ砂漠 3, 13, 57, 59, 70, 89, 90, 151, 154, 155, 157, 159, 170, 178, 202, 205
サボテン 39, 40, 41, 42, 45, 46, 120, 180, 181
サン 73
　→ クン族 73
サン＝テクジュペリ、アントワーヌ・ド
　『人間の土地』 155

し

ジェベル・トゥワイク 15, 131
シェリー、パーシー・ビッシュ 151
ジェローム、ジャン＝レオン 176
ジャイルズ、アーネスト 7, 23, 24, 140, 143
ジャーヴィス、ティム 148, 149
シャクルトン、アーネスト 144, 146, 149, 190
『贖罪の山羊』 179
ジョシュア・ツリー 44, 45, 80
『シリア縦断紀行』 65, 66, 70, 112, 129, 130
シルクロード 30, 83, 85, 103, 105, 133, 134, 135, 137
シロアリ 48, 49, 50, 52
信仰 119, 121, 123, 124
シンプソン砂漠 21, 23, 24, 142, 161, 164

す

スコット、ロバート・ファルコン 126, 144, 145, 146, 165, 176, 190, 191, 207, 208
スタイン、マーク・オーレル 134
スターク、フレヤ 128, 130, 131, 132
『スターゲイト』 170
スタート、チャールズ 24, 141, 142
スタート・ストーニー砂漠 23
ステュアート、ジョン・マクドール 143, 165
ストー、ランドルフ 10, 23, 147, 148, 171, 172
　『トルマリン（Tourmaline）』 171
ストリーロ、T・G・H 122
『砂の惑星』 170

スピニフェックス 24, 43, 44, 53, 59, 77, 172
スミス、デイヴィッド 170
　『海の凍結』193
　『幻月、ハリー湾基地』193

せ

『聖なるもの』115
　→　オットー、ルドルフ 115
西部劇 39, 162, 163, 167
石油 17, 30, 35, 69, 70, 71, 82, 147, 160, 169, 170, 198, 199, 200, 204
セシジャー、ウィルフレッド 125, 133
　『アラビアの砂漠（Arabian Sands）』125
千仏洞　→　莫高窟も参照 102, 105, 134

そ

ソノラ砂漠 20, 41, 45, 52
ソルトブッシュ 43, 45, 166
『ソロモン王の洞窟』153
　→　ハガード、H・ライダー 153

た

太陽光発電 4, 21, 198, 202, 205
ダーウィン、チャールズ 26, 39, 164
タクラマカン砂漠 7, 27, 30, 60, 84, 135, 139, 202
タナミ砂漠 21, 22
タリム盆地 30, 84, 86, 87, 134, 135, 140
ダーリントン、デヴィッド 197
ダルヴァザ 201
タール砂漠（大インド砂漠）18, 19, 81, 82
探検家 5, 7, 8, 23, 24, 90, 91, 105, 112, 125, 126, 135, 140, 141, 142, 143, 144, 145, 147, 149, 151, 152, 153, 163, 164, 165, 166, 172, 173, 183, 186, 187, 189, 191
短命植物 39

ち

『知恵の七柱』110
地形 129
チワワ砂漠 19, 45
チンチョロ族 100, 101, 102

て

デイヴィス、ジャック 123
デイヴィッドソン、ロビン 143
ティソ、ジェイムズ 177

『東方三博士の旅』177
ティンビシャ・ショショーニ族 79, 81
テーシー、デイヴィッド 124
　『聖なるものの果て（Edge of the Sacred）』124
天文学 8, 37, 152, 204, 205, 207

と

トゥアレグ 71, 72, 73, 118, 119, 154, 155
トゥアン、イーフー 10, 115, 173
トカゲ 53, 54, 77
トゲトカゲ 53, 54
ドライズデール、ラッセル
　『犬に餌をやる男（Man Feeding His Dogs）』186
　『中国の壁（The Walls of China,Gol Gol）』186
鳥 55
ドルーズ派 69, 70, 131
ドレ、ギュスターヴ 151, 189
敦煌 83, 102, 103, 104, 105, 106, 107, 138

な

ナジェール、タッシリ 89, 90
ナミブ砂漠 7, 33, 43, 45, 46, 50, 51, 202
南極火山 35
南極光 37
　→　南天オーロラ 37
南極大陸 8, 11, 12, 13, 33, 34, 35, 37, 48, 61, 63, 126, 140, 144, 146, 147, 148, 149, 151, 153, 164, 165, 168, 169, 170, 175, 188, 189, 191, 192, 193, 195, 198, 202, 203, 207
南極探検 144, 146, 148, 169, 189, 191
『ナンタケット島出身のアーサー・ゴードン・ピムの物語』
　→　ポー、エドガー・アラン 168
『ナンタケット島出身のアーサー・ゴードン・ピムの物語』168
南天オーロラ（南極光）37, 148

ね

根深植物 45

の

ノーラン、シドニー 100, 185, 186, 187, 191
ノール、ロブ 134, 135, 140, 202

は

パイン、スティーヴン 188

バオバブの木 39, 42, 96
ハガード、H・ライダー 153
バーク、ロバート・オハラ 142
パタゴニア砂漠 26
莫高窟 102, 103, 105, 106, 107, 134
ハッジ 119, 120, 121
バットゥータ、イブン 126, 127
バード、リチャード・E 146, 147
ハドラマウト 131
ハーバート、フランク 170
　　→『砂の惑星』170
『ハムナプトラ：失われた砂漠の都』157
ハーリー、ジェームズ・フランシス 190
『パリ、テキサス』160
ハント、ウィリアム・ホルマン 179
　　『贖罪の山羊』179

ふ

フェネックギツネ 57
フーコー、シャルル・ド 117, 118
ブラックモア、チャールズ 139, 140
プラット、ヘンリー・チーヴァー 180
ブラッドショーの岩絵 94, 95, 96
『プリシラ』161
ブルクハルト、ヨハン・ルートヴィヒ 127, 176
フレッカー、ジェームズ・エルロイ 135
フレンチ、エヴァンジェリン 136
フレンチ、フランチェスカ 136
フローム、エドワード 183

へ

ヘイセン、ハンス 185
ベッカー、ルートヴィヒ 183, 184
ヘディン、スヴェン 135, 137
ベドウィン 13, 15, 65, 66, 67, 68, 69, 70, 118, 129, 130, 133, 155, 157, 158, 159, 160, 178
ペトラ 127, 128, 158, 174, 176
ベリーニ、ジョヴァンニ 115, 117
ベル、ガートルード・マーガレット・ロージアン 65, 66, 70, 112, 128, 129, 130, 131
ベルベル人 70, 71, 127
ペンギン 61, 63, 168

ほ

ポー、エドガー・アラン 168
ボーク、バークロフト 166
北米先住民 20, 119, 120, 162

ポスト、ローレンス・ヴァン・デル 73
ホッジ、ウィリアム 188
ボードリヤール、ジャン 7
哺乳動物 25
ホワイト、パトリック 148, 169, 170, 172, 173
　　『ヴォス：オーストラリア探検家の物語』172

ま

マイヤール、エラ 135, 136
マッカビン、チャールズ 47
『マッドマックス』166, 167
マレー、レズ 195

み

ミイラ 84, 85, 100, 101, 102, 103, 157
ミミ 99
『ミラクル・ワールド／ブッシュマン』73

む

ムアッラカート 160
ムハンマド 118

も

モザイク画 96
モーソン、ダグラス 34, 145, 146, 148, 149, 190, 192
モハーヴェ砂漠 20, 21, 40, 45, 54, 55, 79, 81, 202
モハーヴェ族 20, 119

ゆ

『遊星よりの物体X』169
ユダヤ教 3, 69, 108, 109, 110, 111, 113, 114, 118

ら

ライヒハルト、ルートヴィヒ 142, 163, 172
ラクダ 23, 24, 48, 56, 57, 61, 66, 68, 69, 70, 72, 78, 80, 81, 82, 83, 86, 127, 128, 135, 137, 138, 139, 140, 142, 143, 155, 158, 159, 160, 162, 176, 178, 184
ラージャスターン人 82
ラージャスターンもしくはインディラ・ガンディー運河システム 19

り

リトープス 42, 43
旅行家 5, 8, 13, 66, 125, 126, 127, 128, 133, 135, 140, 151, 153, 173

索　　引

237

る

ルイス＝ウィリアムズ、デイヴィッド　92, 93
ル＝グウィン、アーシュラ　145, 165
ル・クレジオ、J＝M・G　155
ルブ・アルハーリ砂漠　15, 17, 131

れ

『レイダース：失われたアーク』157
冷涼海岸　13, 31
レザロン、チャールズ　148
レン、P・C　154
　『ボゥ・ジェスト』154

ろ

ロティ、ピエール　170, 171
ロート、アンリ　90
ロバーツ、デイヴィッド　176
　『王家の墓、ペトラ』174
ロバートソン、クリスティアン・クレア　194, 196
　『氷の洞窟』196
　『12の湖』194
ローレンス、T・E　110, 128, 132, 139

わ

ワトソン、エリオット・ラヴグッド・グラント　171
　『砂漠の地平線（Desert Horizon）』171
　『ダイモン（Daimon）』171
ワヒバ砂漠　15, 18, 68
湾岸戦争　200, 201
ワンジナ　95, 98, 99

著者◎　ロズリン・D・ヘインズ（Roslynn D. Haynes）
オーストラリア人文科学学術会議特別研究員。ニューサウスウェールズ大学人文科学研究科准教授。タスマニア大学人文科学研究名誉研究員。著書に『タスマニアン・ヴィジョン：著述、芸術、写真における風景（Tasmanian Vision: Landscapes in Writing, Art and Photography）』(2006)、『中心を探して：文学、芸術、映画におけるオーストラリアの砂漠（Seeking the Centre: The Australian Desert in Literature, Art and film）』(1998)、『南の空の探検（Explorers of the Southern Sky: A History of Australian Astronomy）』(1996)がある。

監修者◎　鎌田浩毅（かまた・ひろき）
京都大学大学院人間・環境学研究科教授。
1955年生まれ。東京大学理学部地学科卒業。通産省を経て97年より現職。理学博士。専門は火山学・地球科学。テレビ・ラジオ・書籍で科学をわかりやすく解説する「科学の伝道師」。京大の講義「地球科学入門」は毎年数百人を集める人気。
著書（科学）に『火山噴火』（岩波新書）、『マグマの地球科学』（中公新書）、『富士山噴火』（ブルーバックス）、『生き抜くための地震学』(ちくま新書)、『次に来る自然災害』『資源がわかればエネルギー問題が見える』『火山はすごい』（以上、PHP新書）、『地球は火山がつくった』（岩波ジュニア新書）、『地学のツボ』（ちくまプリマー新書）、『もし富士山が噴火したら』（東洋経済新報社）、『地震と火山の日本を生きのびる知恵』（メディアファクトリー）、『火山と地震の国に暮らす』（岩波書店）ほか。
著書（ビジネス）に『一生モノの時間術』『一生モノの勉強法』『座右の古典』『知的生産な生き方』（以上、東洋経済新報社）、『成功術 時間の戦略』『世界がわかる理系の名著』（以上、文春新書）、『一生モノの英語勉強法』（祥伝社新書）、『京大理系教授の伝える技術』（PHP新書）ほか。
ホームページ：http://www.gaia.h.kyoto-u.ac.jp/~kamata/

訳者◎　高尾菜つこ（たかお・なつこ）
1973年生まれ。翻訳家。南山大学外国語学部英米科卒業。訳書に『新しい自分をつくる本』『バカをつくる学校』（以上、成甲書房）、『アメリカのイスラエル・パワー』『「帝国アメリカ」の真の支配者は誰か』（以上、三交社）があるほか、『図説イギリス王室史』『図説ローマ教皇史』、『図説アメリカ大統領』（以上、原書房）がある。

DESERT : Nature and Culture
by Roslynn D. Haynes
was first published by Reaktion Books
in the Earth series, London, UK, 2013
Copyright © Roslynn D. Haynes 2013
Japanese translation rights arranged with
REAKTION BOOKS LTD PUBLISHERS
through Owls Agency Inc.

図説　砂漠と人間の歴史

●

2014 年 3 月 4 日　第 1 刷

著者…………ロズリン・D・ヘインズ
監修者…………鎌田浩毅
訳者…………高尾菜つこ
発行者…………成瀬雅人
発行所…………株式会社原書房
〒 160-0022 東京都新宿区新宿 1-25-13
電話・代表　03(3354)0685
http://www.harashobo.co.jp/
振替・00150-6-151594

装幀…………村松道代（TwoThree）
印刷…………株式会社東京印書館
製本…………小髙製本工業株式会社

©Hiroki Kamata / BABEL K. K. 2014

ISBN 978-4-562-04949-3, printed in Japan